激光光束质量度量

Laser Beam Quality Metrics

[美] T. Sean Ross　著

王辉华　林龙信　陆凤波　顾晓东　王　炳　译

U0363113

国防工业出版社

National Defense Industry Press

著作权合同登记　图字：军 –2018 –008 号

图书在版编目（CIP）数据

激光光束质量度量/（美）T. 肖恩·罗索（T. Sean Ross）著；
王辉华等译. –– 北京：国防工业出版社，2018. 12
书名原文：Laser Beam Quality Metrics
ISBN 978-7-118-11694-6

Ⅰ. ①激… Ⅱ. ①T… ②王… Ⅲ. ①激光—质量—度量 Ⅳ. ①TN24

中国版本图书馆CIP数据核字（2018）第 286938 号

激光光束质量度量

[美] T. Sean Ross　著
王辉华　林龙信　陆凤波　顾晓东　王炳　译

出版发行　国防工业出版社
地址邮编　北京市海淀区紫竹院南路 23 号　100048
经　　售　新华书店
印　　刷　三河市众誉天成印务有限公司
开　　本　710×1000　1/16
印　　张　12
字　　数　194 千字
版 印 次　2018 年 12 月第 1 版第 1 次印刷
印　　数　2000 册
定　　价　66.00 元

（本书如有印装错误，我社负责调换）
国防书店: (010) 88540777　发行邮购: (010) 88540776
发行传真: (010) 88540755　发行业务: (010) 88540717

译者序

激光武器具有快速精确交战、机动目标拦截能力强、持续作战时间长、作战使用成本低、附带损伤小等突出优点,被誉为"改变未来战争游戏规则"的定向能武器之一。作为决定激光武器系统综合性能的一个重要指标,激光光束质量的度量一直没有统一的标准和规范的测量方法,给激光武器的科学研究、工程应用和试验鉴定等带来了较大困难。研究激光光束质量的度量方法,不仅能够满足测试和客观、准确评价系统性能的需要,而且必将促进激光武器技术的发展和应用。

Laser Beam Quality Metrics 一书是其作者长期从事激光光束质量度量与评价实践的经验总结,系统介绍了 M^2、桶中功率、亮度、光束参数乘积和 Strehl 比等不同标准光束质量度量方法的定义和内涵,并重点针对如何搭建自己的 M^2 测量设备、如何设计光束质量指标、光束质量指标的相互转换等内容进行了深入剖析,提出了激光光束质量度量的注意事项,对于相关人员理解和掌握激光光束质量分析和需求综合具有很大参考作用。

译者对该书进行了精细翻译,希望能够帮助更多相关人员进一步理解激光光束质量度量与评价的相关问题,从而进一步推动我国激光武器技术的发展。本书可供从事激光武器技术、激光光束质量度量等相关技术领域的研究、设计和应用人员使用,也可供高等院校有关专业的师生阅读,还可供相关部门的决策人员和管理人员参考。

由于译者水平有限,疏漏之处在所难免,敬请读者批评指正,不胜感谢。

王辉华

2017 年 5 月于北京

序言

　　本书将有助于读者理解激光光束质量分析与需求综合的细节。第 1 章主要介绍激光器的基本特性以及 M^2、桶中功率、亮度、光束参数乘积和 Strehl 比等不同标准光束质量度量方法的定义和内涵。对于仅对商业激光器的高斯光束测量感兴趣的读者，可以只阅读第 1 章、第 2 章和第 6 章的前三节内容。对于从事特殊激光器、不稳定谐振器、数千瓦激光器、MOPA 激光器或需求产生与发展等领域研究的读者，建议通读全书。

　　本书作者在从事参数振荡器研究时开始接触激光测量。在振荡器正常运转时，利用某个商业光束测量分析仪对光束进行测量，发现其输出结果有时是 1.3，有时是 7，有时在二者之间快速连续变化。经过认真研究产品手册后发现，重要问题的答案都被所谓的 "专利" 掩盖。于是，作者将该黑盒式的商业产品束之高阁，亲自购买视频捕获卡、数字相机、运动控制系统、ISO 11145:1999 标准以及 LabVIEW 软件，构建自己的激光光束质量分析仪，包括同时使用相机和刀口的 M^2 自动测量设备。这样，作者搞清楚了每一个可能产生的错误并对这些测量方法的工作原理有了充分理解。

　　该系统在作者单位内部使用了几年，然后在研究需求改变后便没有再使用。几年之后，当数亿美元的激光发展项目遇到激光光束质量规范等相关问题时，作者意识到定向能领域非常缺乏光束质量测量的基本信息。我们很容易买到一套符合规范的激光系统，但却难以用它完成期望的工作。作者的第一篇光束质量论文 "高能激光光束质量的适当措施与一致标准" 于 2006 年夏天在 *Journal of Directed Energy*《定向能杂志》上发表，并获得若干奖项。同时，还有其他一些文章也扩充了实际的光束质量文献，并发展成为一门光束质量课程作为几届定向能专业学会（Directed Energy Professional Society，DEPS）会议的固定专栏，同时在国际光学工程学会（Society of Photo-Optical Instrumentation Engineers，SPIE）的防御、安全和传感论坛上进行介绍。本书正是这些简短课程进一步发展的结晶。

T. Sean Ross

2013 年 3 月

致谢

本书是在由定向能专业学会和国际光学工程学会所资助会议上的一些简短课程的基础上编写而成的。感谢 DEPS 的 Sam Blankenship 博士、Cynnamon Spain 女士和 Donna Storment 女士，以及 SPIE 的 Andrew Brown 博士和 Tim Lamkins 先生，是他们鼓励我开设了此门课程并进行写作。感谢我早期光束质量研究的论文和演讲的合作者 Pete Latham 博士。感谢 Leanne Henry 博士（前中校），为我创建了钻研并领略激光光束质量测量微妙的环境。感谢 Jim Riker 博士、R. Andrew Motes 博士和 Erik Bochove 博士与我的讨论与辩论。感谢 Carlos Roundy 博士、Anthony Siegman 博士和 Michael Sasnett 博士为我指明了正确的研究方向并提供睿智的建议。感谢 Jacqueline Gish 博士的支持和鼓励。感谢我的妻子 Terri 对我的支持和理解。最后，感谢所有对激光光束质量随时提出意见并开始提出困难问题的人们!

符号与缩略语

0	参考光束或基本模式的索引或下标
2D	二维
3D	三维
a	常数，光阑半径
A	面积
B	亮度
BPP	光束参数乘积
BQ	光束质量
c	光在真空中的速度，约等于 2.99792×10^8 m/s
CCD	电荷耦合器件
CID	电荷注入器件
C_n	索引 n 的常数
COIL	化学氧碘激光器
CW	连续波
d	差分运算，随后符号的极微小变化
D	光束束腰的二阶矩直径
DL	衍射极限，即理想光束
e	超越数，2.718281828…，自然对数的基
E	能量
$\boldsymbol{E}$	电场
erf	误差函数

f	频率，焦距
F	通量，单位面积上的能量
ff	代表远场的下标
FWHM	半幅全宽
G	公制单位前缀，表示十亿
GHz	千兆赫，带宽或频率的单位
GW	吉瓦特
HBQ	水平光束质量（桶中功率的水平方向定义）
HeNe	氦氖
$H_n[x]$	埃尔米特多项式的第 n 项
HPIB	横向桶中功率
HWHM	半幅半宽
HW1/e²M	光强最大值 $1/e^2(13.5\%)$ 处的半宽
Hz	赫，频率单位
i	拉盖尔高斯模式索引的下标
I	辐照度，单位面积上的功率
I_{nm}	第 (n,m) 模式引起的辐照度
ISO	国际标准组织
i,j,k	整数索引
$\hat{\boldsymbol{i}},\hat{\boldsymbol{j}},\hat{\boldsymbol{k}}$	单位矢量
j	虚数 $\sqrt{-1}$
J	焦耳，能量单位
J_n	n 阶一般贝塞尔函数
k	度量前缀，1000
k	波数 $= 2\pi/\lambda$
$k_i, k[x]$	x 位置的第 i 次刀口测量结果
k_{mp}	第 (m,p) 模式的波数
$K_n[x]$	贝塞尔函数的第 n 次修订值
kW	千瓦，功率单位
L	长度
L_c	相干长度
$L_p^m[x]$	联合拉盖尔多项式的第 (p,m) 项
ln	自然对数函数
m	拉盖尔高斯模式索引的下标

mm	毫米，长度单位
M, M^2	模式因子，模式因子平方
MOPA	主振荡功率放大器
N	菲涅尔数
NA	数值孔径
ND	中性（滤波器）
Nd:YAG	钇铝石榴石晶体
NEA	噪声等效半径
nf	表示近场的下标
NGG	非高斯高斯光束
NIST	美国国家标准与技术研究所
nm	纳米
ns	纳秒
OPA	光学参数放大器
OPO	光学参数振荡器
P	功率
PDF	概率密度函数
PIB	桶中功率
q	复光束半径
r	径向空间变量
$\bar{r}$	平均半径
R	半径
r_0	特定半径
rms	均方根
S	Strehl 比
SNR	信噪比
t	时间
T_c	相干时间
u	电场幅值
u, U	积分变量
v, V	积分变量
V	波导数 V
$\boldsymbol{V}$	矢量
VBQ	纵向光束质量（桶中功率的纵向定义）

V_i	第 i 个矢量分量
VPIB	纵向桶中功率
$v[r]$	变孔径测量
w	光束半径
W	测量光束半径
w_0, W_0	基本模式的光束半径
$w[0], W[0]$	束腰
WFE	波前畸变
$W[z]$	朗伯 W 函数，即 $z = We^W$ 的超越解。通过 Mathematica 软件的乘积对数函数 Product Log[z] 实现。对于 $-1/e$ 到无穷大的自变量，返回 -1 到无穷大的实数值。
$\hat{x}$	单位矢量
$\bar{x}, \bar{y}$	x 和 y 的平均值
x, y, z, X, Y, Z	空间变量
Yb:YLF	掺镱氟化钇锂晶体
Z	零噪声水平
Z_R	瑞利距离
∞	无穷大
α	常数
β	波导传播函数
δ	狄拉克三角函数
Δ	改变量
Δx	x 方向的网格间距
Δy	y 方向的网格间距
$\Delta \lambda$	波长带宽
$\Delta \nu$	频率带宽
ε	遮拦比
ε_0	真空介电常数，8.854×10^{-12} F/m（法拉/米）
θ, Θ	角度
θ_0	基本模式中参考光束的发散角
$\theta_{1/2}$	发散半角
θ_I	入射角
θ_r	反射角
θ_t	发射角

λ	波长
λ/D	波长/近场光阑直径。可理解为某个角度的正切值，激光束衍射角的常用单位。
μm	微米，长度单位
ν	频率
π	超越数，圆周长与其直径之比，即 3.14159...
σ^2	方差
σ_n	以峰值比例表示的均方根幅值噪声
ϕ	相位误差
Ω	立体角

目录

第 1 章

绪论

1.1 激光光束质量测量的首要准则

激光光束质量测量的首要准则指出，任何试图将包含七维特征（三维坐标、三维相位、一维时间）的复杂电场简化为单一数字的行为，都将不可避免地丢失一些信息：

$$E[x, y, z, t] = E[x, y, z]\mathrm{e}^{\mathrm{j}\phi[x,y,z]}\mathrm{e}^{-\mathrm{j}\omega t} \tag{1.1}$$

光束质量的确定似乎很简单，只要购买一个商用激光光束质量分析仪，接上插头，对准光束，就可以测得光束质量了。这种方法看似没有问题，然而当想要进行以下一些具体工作时，就可能出现问题，例如：

（1）尝试将光束质量数据用于计算；

（2）对商业产品的假设前提有疑虑；

（3）需要撰写合同规定条款，或试图满足合同规定条款。

1.2 激光光束质量研究的历史、资源和现状

自从 20 世纪 60 年代激光出现之后，人们就开始对激光光束质量进行研究。科学家首先提出用 M（模式）因子测量叠加高斯光束中高阶高斯光束的阶数。不久，其他光束质量度量评价方法也相继提出，例如，桶中功率（PIB）和光束参数乘积（BPP）等。此外，Strehl 比（Strehl ratio）也是早期评价光束质量的主要方法之一，它最早被人们用来描述恒星影像。早期关于激光光束质量测量的文献大多是在私人或行业内部的出版物上出版的，

而不是公开发表在科学文献杂志或学术会议论文集中, 因此, 许多 "诀窍" 只是激光工程师和科学家之间的常识, 而没有以严格的格式记录下来。例如, 在 Anthony Siegman 博士的互联网参考目录中, 有超过 300 篇文献是关于光束质量测量的, 然而, 这些文献的标题中第一个包含 "M^2" 术语的是《光斑尺寸与 M^2 的依赖关系》。该论文只在 1972 年 Holobeam 公司出版的技术简报中发表。再如, 国际标准组织 (ISO) 发布的具有独立版权的 11146 官方文件, 对 M^2 因子进行了标准化规定, 但该规定仅在 ISO 网站上出售, 并没有出现在公开出版物中。这种情况使得光束质量的定义具有通俗性, 而缺乏科学性和严谨性。同时, 由于光束质量分析仪和其他光束质量测量设备很容易购买和使用, 也给人们留下了光束质量很容易测量的错觉。激光领域经典著作《激光》(Siegman, 1986) 一书的作者 Anthony Siegman 博士就曾举办大量的研讨会和讲座, 试图解决相关领域工作者对激光光束质量的错误认知, 例如 1998 年 Siegman 博士做了 "如何测量激光光束质量" 的报告。尽管 Siegman 博士做了很多努力, 人们对光束质量的认知仍然存在一些明显问题, 主要如下:

(1) 光束质量指标难以复现;

(2) 方法不严谨;

(3) 存在错误概念, 例如:

①大多数激光光束质量测量方法都是测量相同的内容;

②M^2 因子适用于所有类型光束的光束质量度量;

③谈及光束质量时, 并不需要提及误差;

④衍射极限倍数, 具有严格的物理意义;

⑤光束质量是一个严格的科学度量指标;

⑥光束质量测量方法的微小变化对测试结果影响不明显等。

本书在帮助读者学习如何测量并确定激光光束性能的同时, 还将证明以上理解和认知是错误和有风险的。

实际上, 光束质量的意义在于:

(1) 衡量激光束聚焦能力;

(2) 衡量激光束模式;

(3) 衡量激光束发散角;

(4) 与一些特定应用相关或不相关的物理描述。

不同的系统或应用需要对激光光束性能进行不同的测量。本书将帮助读者了解光束性能的常用标准测量方法, 并向读者展示针对具体应用如何创建并验证测量方法。

1.3　激光器结构

本节首先定性介绍激光器的原理和构成,目的是充分了解激光器构成对激光光束质量的影响。读者可参照"参考文献"中列出的几本高质量图书中的任何一本,深入、定量地理解激光谐振腔。

1.3.1　激光谐振腔

一般来说,激光谐振腔至少由三部分组成,即激励源、增益介质和反馈机构,如图 1.1 所示。常见的激励源有放电激励源、电压激励源、闪光灯激励源、二极管激励源或化学激励源。激励源通过使增益介质内粒子数反转实现光放大。常见的增益介质有人造晶体、气体、染料、PN 结、掺杂玻璃和透明陶瓷等。最常见的反馈机构是一组反射镜,该组反射镜在增益介质的发射波长附近具有特定的光学性质。典型情况下,一个反射镜的反射率为 100%,称为高反射镜;另一个反射镜为部分反射镜,称为输出镜。

当泵浦能量转移至激光增益介质时,大量电子被激发到较高能级。该高能级必须具有较长的寿命,使得电子能够保持在激发态,而不是立即衰减到基态,从而能够满足光子在谐振腔内的多次往返放大。典型的激光器谐振腔的尺寸只有几英尺① 长或更短,光在谐振腔内的往返时间为纳秒量级,因此毫秒量级的上能级寿命足以使谐振腔产生激光。对于激光受激辐射来说,1 ms 可以满足光子在谐振腔内近百万次的往返运动。最终,一些激发态的电子将跃迁到较低能级。这些跃迁辐射的光子,在空间和时间上是随机的。在这些自发衰减的光子中,总会出现一些传播方向恰好与谐振腔光轴同轴的光子,在高反射镜和输出镜之间反射,最终形成振荡。当具有适当能量的光子与激发态的电子作用时,能够激发电子向低能级跃迁,并产生另一个与原光子运动方向相同并且具有相同相位的光子。该过程不断重复,使得在数毫秒时间内,激光增益介质开始以与泵浦同样的速率发射出激光,此时激光谐振腔处于振荡状态。激光一词是"受激辐射光放大"(Light Amplification by Stimulated Emission of Radiation,LASER)的首字母缩写,是对激光谐振腔内发生情况的准确描述。通常将 laser 作为名词来指代激光装置,将 lase 作为动词来描述当激光谐振器处于振荡状态时发射相干激光的状态。

---

① 1 英尺= 0.3048 m。

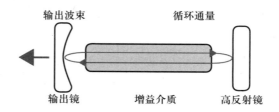

输出波束　　　　　　　循环通量

输出镜　　　增益介质　　　高反射镜

图 1.1　通用激光谐振腔结构

1.3.2　稳定腔

稳定腔是指光场的波前可以在谐振腔内循环自再现而不发生畸变的谐振腔。在实际情况中，由于谐振腔内损耗的存在，无法实现光场波前的无畸变循环自再现。波前可以在谐振腔内自再现的光场称为谐振腔模式或腔模。如果反射镜是球面的，则谐振腔内的模式为厄米高斯（Hermite-Gaussian）或拉盖尔高斯（Laguerre-Gaussian），这些将在 1.5 节中深入讨论。如果增益介质是由光纤构成的光纤激光器，如 1.5.4 节所述，则可将其视为波导模式结构。稳定谐振腔的另一个重要特征是波前通常通过输出镜（部分反射镜）耦合输出。稳定的谐振腔是由特定曲率的反射镜和特定腔长构成的（Siegman，1986，Eq. 19-8），满足

$$\left(1 - \frac{L}{R_1}\right)\left(1 - \frac{L}{R_2}\right) < 1 \tag{1.2}$$

式中：L 是谐振腔的长度；R_1 和 R_2 是构成谐振腔镜面的曲率。稳定谐振腔内通常包含大量模式。如果不希望得到高阶模式，那么就需要采取特定的方法对其进行抑制。这些方法包括在腔内放置小孔光阑、腔内急剧聚焦（sharp intracavity foci）或只使用部分增益介质的特定泵浦方式只使用一部分的增益介质。如果谐振腔的腔镜是球面镜，则其模式分布为高斯分布。这些模式结构将在 1.5 节中全面讨论。

1.3.3　非稳腔

非稳腔是指腔内波前或模式不能自再现的谐振腔。在非稳腔内，输出镜尺寸通常小于腔内光束波前尺寸，或与谐振腔另一侧的高反镜呈一定角度，使得非稳腔激光束直接从输出镜周围出射。通用的非稳腔结构如图 1.2 所示。非稳腔通常具有很高的单程增益（$g_0 L$），通常单程增益大于 100%。非稳腔内模式数较少，最多只存在几个模式。模式分布只能通过 Fox-Li 数

值迭代法求解，而无法求得封闭解（解析解）。非稳腔结构紧凑，可应用在高能激光领域，例如在军事领域中作为长距离传输应用的激光光源。这是因为与稳定腔相比，非稳腔的腔内循环通量与耦合输出通量之间的比率较低。在稳定腔内，输出镜的反射率高达 95%～99%。腔内循环通量比耦合输出通量大 20～100 倍。对于输出功率只有几瓦的激光器来说，这无关紧要。然而，对于采用稳定腔结构的数十瓦级商用激光器，需要在腔内实现高达 1 kW 的循环通量。如果采用稳定腔结构，千瓦级的激光器谐振腔可能需要具有兆瓦的循环通量，这将损坏增益介质和谐振腔内光学元件。反之，对于非稳腔结构，每个往返内可能有超过 2/3 的能量输出，循环通量仅为其能量的一部分。这就意味着如果采用非稳腔结构，输出 10 kW 能量的激光器，其腔内通量仅有 30 kW。这对于谐振腔内的光学元件尤为重要，也是很多高能应用领域的激光器采用非稳腔结构的原因。非稳腔结构的其他优点包括采用非稳腔结构的激光器可以产生环形光束，非常适合采用激光扩束镜进行发射传输，易实现单模和高能输出。

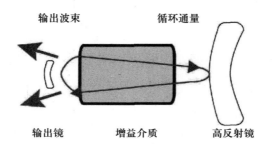

图 1.2　通用的非稳腔结构示意图

1.3.4　主振荡功率放大器

主振荡功率放大器（MOPA）是产生高功率相干激光的另一种结构。这种系统是先由主振荡器产生一束较好光束质量的低功率激光，然后使用无反馈装置的放大器对其进行放大。多数情况下，种子光多次通过各级放大器进而充分利用各级放大的能量。在本书讨论的三种激光谐振腔结构（稳腔、非稳腔、MOPA）中，MOPA 结构对光学元件要求最低，且输出功率最高。MOPA 结构在高能高功率激光领域，如大型激光聚变装置，占有绝对优势。MOPA 输出光束的模式与所使用的种子光的模式相同，其光束质量的降低主要来源于放大元件中增益的非均匀性以及复杂光路中孔径限制导致的衍射环。

1.3.5 激光器的时域特性

激光器工作模式有连续模式和脉冲模式两种。脉冲激光器可分为调 Q 脉冲激光器、锁模激光器和增益开关激光器等。调 Q 激光器中增益介质处于连续泵浦状态，但仅允许在远长于腔内往返周期的时间段内，形成腔内振荡。由此产生的光脉冲长度在 10 ~ 100 ns 之间。第一种调 Q 方法是给反射镜安装电动机，电动机每转一周腔镜将实现一次对准。稳定腔输出的调 Q 脉冲宽度足以满足光束在腔内的多次振荡，因此具有较好的模式结构。

锁模激光器内的增益介质也处于连续泵浦状态，允许振荡光仅在几个循环之后输出腔外。在模式锁定打开时，可以使所有输出的纵模都处于时域相干状态。锁模脉冲比调 Q 脉冲短很多，通常为几皮秒。由于腔内循环的脉冲无法"感受"谐振腔，在多数时间是被关断的，因此稳定腔输出的锁模激光器也有完整的模式结构。

增益开关使光泵浦快速打开及关断，例如半导体激光或闪光灯。由于高电流下电开关的速度限制，增益开关激光器输出的脉冲宽度通常为毫秒量级。

一台激光器包含的所有脉冲中，每个脉冲都不尽相同。由于每一个脉冲的光束质量都不同，这使得光束质量测量变得困难。总的来说，测量一个长序列脉冲的光束质量，代表的是这些脉冲的平均光束质量。如果想测量单个脉冲的光束质量，需要使用一个与脉冲同步的高速探测器。

1.3.6 激光器的种类

除了根据谐振腔的类型分类外，还可以根据激光器增益介质的不同对激光器进行分类，主要包括化学激光器、气体激光器、全固态激光器、光纤激光器和半导体激光器等，具体分类如下：

（1）**染料激光器**。在染料激光器内，处于溶解状态的光学活性染料在有机溶剂中流动。激光受激辐射的能量主要来自于作为泵浦源的闪光灯和半导体激光器。由于其线宽很宽，染料激光器易于实现脉冲输出。染料出口附近的自由空间谐振腔通常会产生高斯光束。

（2）**化学激光器**。化学激光器是指通过谐振腔内流动的液体或气体的化学反应引起激光跃迁，从而产生激光的激光器。例如氧化碘化学激光器（COIL），这种激光器可以输出非常可观的能量。化学激光器的自由空间腔内会表现稳定或非稳定模式结构。

（3）**气体激光器**。气体激光器采用电、闪光灯或半导体激光器泵浦光学活性气体。大多数气体激光器功率很低，例如常见的氦氖（He-Ne）激光器。近年来，一种新型气体激光器，即半导体泵浦碱金属气体激光器，有望实现千瓦级以上的功率输出。气体激光器通常包含稳定或非稳定谐振腔的模式结构。

（4）**全固态激光器**。全固态激光器，是由人工掺杂了激活离子的晶体、玻璃或透明陶瓷构成，例如钇铝石榴石晶体（Nd：YAG）和掺镱氟化钇锂晶体（Yb：YLF）。大部分全固态激光器输出功率可达千瓦级，甚至可实现 100 kW 的连续输出。激光核聚变领域应用的高峰值功率激光器通常是玻璃激光器和 MOPA 激光器。

（5）**光纤激光器**。光纤激光器完全由波导结构 —— 光纤产生。虽然光纤激光器基模近似为高斯分布，但是与采用谐振腔结构的激光器相比，其模式分布是不同的。由于光纤波导结构的限制，光纤激光器能有效利用增益介质，光 - 光效率甚至超过 50%。在转换效率上与光 - 光效率只有 25% 的全固态激光器相比具有明显优势。

（6）**半导体激光器**。半导体（二极管）激光器通过导带 - 价带的电子跃迁产生激光。由于二极管端面形状为长宽比很高的矩形，例如波长为 808 nm 的大功率半导体激光器为 1 cm × 200 μm，因此所产生的光束截面通常为椭圆形。平行和垂直于二极管端面慢轴和快轴的发散角明显不同。半导体激光器制造商一般会标注快轴和慢轴的发散角。小功率的半导体激光器通常应用于光通信、激光指示灯、超市扫描仪和光盘播放器中。大功率半导体激光器通常作为其他激光器的泵浦源使用。半导体激光器也是转换效率很高的激光器件，常见半导体激光器电 - 光效率可达 50% 以上。

（7）**自由电子激光器**。自由电子激光器是利用粒子加速器使一束带电粒子通过磁场（称为摇摆器），引发电子的摆动、减速并以光子的形式损失一部分能量进而转变成激光辐射的激光器。如果光学谐振腔置于电子的减速区周围，可以产生相干辐射。自由电子激光器的优点是具有可调谐性；其缺点是粒子加速器需要很大的真空室。由于天线状的摇摆器结构，这些激光装置一般采用很长的薄层增益结构。自由电子激光器一般输出低阶模。

还有几种类型的激光泵浦器件也表现出激光模式，并且需要使用激光光束质量参数进行评价。其中包括光学参量振荡器（OPO）和光学参量放大器（OPA），它们利用谐振腔或放大器内的非线性效应，来实现光束从一个波长向另外一个波长的转换。OPO 产生的模式与通常得到的高斯模式稍有差别。OPA 会在入射激光模式中引入相位或振幅噪声。

1.4　激光辐射的基本性质

本节从表 1.1 中的几个基本物理量开始讨论，包括激光光束形状、光束质量、脉冲宽度，以及激光发射期间内的能量、功率、辐照度、电场，传递到特定目标的通量，激光来对给定目标的作用机理。

表 1.1　基本物理量

物理量	符号	定义	单位
能量	E	引起作用的能力	焦耳 (J)
功率	P	单位时间内的能量	瓦特（W）= 焦耳/秒（J/s）
电场	$\boldsymbol{E}$	单位长度内的电势差	伏特/米（V/M）
辐照度	I	单位面积内的功率与场强平方成正比，一些物理学家也称其为强度	瓦特/平方米（W/m²）
通量	F	单位面积内的能量	焦耳/平方米（J/m²）

激光光束和目标相互作用的物理机制决定了哪些光束参量最为重要。例如，在激光焊接应用领域，光束所传递的能量是最重要的物理量；在探测双原子气体中的束缚电子响应，或者激发晶体中的非线性光学效应的应用领域中，电场的特性则是我们关心的物理量。如果某种激光测量方法仅仅测量激光的能量信息，那么它就不大可能为我们揭示太多目标上的场信息。

激光辐射是以波的形式传播电磁波（见图 1.3），同时也能够以离散粒子（光子）的形式被测量。表 1.2 列出了光波的基本性质。

衍射是理解光束传播以及光束质量的关键。衍射是光束传播时表现出的各类发散现象的统称；一束激光光束不可能保持同一光束直径一直传播下去。衍射也用来描述光束在边角或者其他障碍物附近所产生的弯曲现象。最后，不同于几何光学上的认知，衍射现象在波动光学中被描述为光束无法聚焦到一个无穷小点上的特性。

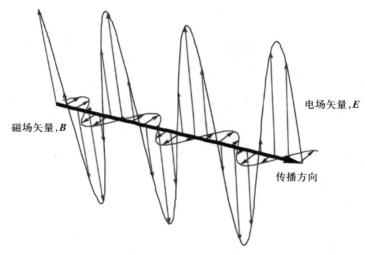

图 1.3   电磁波

表 1.2   光波的基本性质

物理量	描述
偏振	光波沿传播方向垂直振动。分为垂直偏振、水平偏振及圆偏振，如图 1.4 至图 1.6 所示
反射	光波在界面上的反弹。相对于界面的法线，入射角与出射角相等，如图 1.7 所示，由如下等式表示： $$\theta_{\text{incident}} = \theta_{\text{reflected}} \tag{1.3}$$
折射	光波在穿过（传播通过）界面时发生的偏折。斯涅尔定律给出了光束弯折的方向及大小，如图 1.7 所示，由如下等式表示： $$n_i \sin(\theta_i) = n_t \sin(\theta_t) \tag{1.4}$$
衍射	用来描述光束在边角附近的偏折和自由空间传播的总体概念。本书将着重说明衍射效应，以及它是如何影响目标接收到的光斑尺寸的大小的。图 1.8 所示为衍射和干涉的一个例子。图 1.8（a）是一个商用的绿光激光笔照射在墙上，图 1.8（b）是这束光通过两指之间的缝隙后的光斑，如图 1.9 中所示。当光束通过一条窄缝时，会引起光束在窄缝方向的扩展，同时光波中的不同部分相互作用，形成明暗交替的条纹
干涉/叠加	波的相长和相消。干涉现象能在相干长度/时间内观察得到。一种简便的观察干涉的方法是，通过两指手指形成的窄缝来观察光源，如图 1.9 所示。将手指尽可能靠近眼睛，同时两指手指尽可能靠近。通过这种方法，能够观察到非相干光源的干涉图样（见表 1.3 中的激光特性）

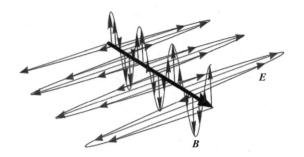

图 1.4 水平偏振

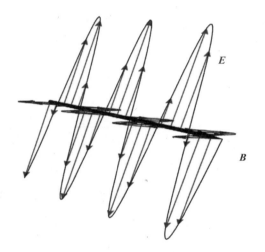

图 1.5 垂直偏振

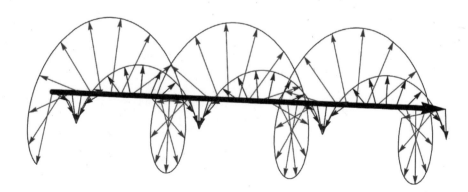

图 1.6 圆偏振

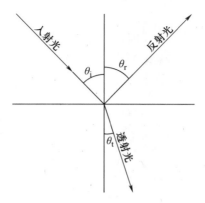

图 1.7　入射、反射和折射光线

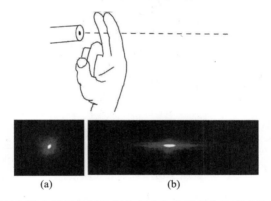

图 1.8　商用绿色激光器无衍射光斑分布（a）和手指狭缝形成的衍射图样（b）

图 1.9　通过手指间隙观察到的干涉条纹

光波通常通过光线（几何光学）或者波前（波动光学或物理光学）来描述。光线（或传播矢量）与波前垂直，用来描述波的传播方向。如果光波出现偏折或反射，那么传播矢量同样也发生偏折或反射，如图 1.10 所示。在后文中，光线和波前的使用会交替出现。

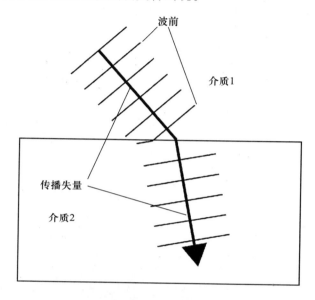

图 1.10   波前和光线

激光与一般光波相比，又多了一些基本特性，如表 1.3 所列。

表 **1.3**   激光辐射的特殊特性

特性	描述
单色性	单一颜色性质。实际应用中，单色光是指频率带宽非常窄的光。一般情况下，如不采取特定方法，输出激光通常由与若干纵模模式对应的若干激光频率组成。即使是所谓的只有单纵模模式的单频激光，也会呈现一个较窄频率带宽（见图 1.11）。带宽可用波长单位（nm，mm）或频率单位（kHz ~ GHz）表示。式（1.5）给出了频率与波长之间的变换关系，以及用波长及频率单位表示的带宽之间的变换关系： $$c = \lambda v, \quad \Delta v = c\frac{\Delta \lambda}{\lambda^2}, \quad \Delta \lambda = c\frac{\Delta v}{v^2} \tag{1.5}$$ 通常，用波长带宽表示宽带激光，用频率带宽表示窄带激光。

（续）

特性	描述
相干性	激光光束上任一点的波前，与沿激光光束截面方向和传播方向的其他点的波前有明确的关系，而与之相对应的非相干光，相互间关系是随机的，如图 1.12 和图 1.13 所示。对于相干光而言，沿光束截面方向所存在的确定的相位关系，称为相干宽度，同样，在光束传播方向也存在的这种关系，通常用相干时间 T_c，或者相干长度 L_c 表示： 相干时间：$T_c = \dfrac{1}{\Delta v}$　(1.6) 相干长度：$L_c = \dfrac{c}{\Delta v} = \dfrac{\lambda^2}{\Delta \lambda}$　(1.7)
准直性	激光光束能够在很长的传播距离内保持光束直径基本不变，这个传播距离要比从太阳或者灯泡发出的非相干光的长度要长得多。激光光束直径保持在腰斑直径的 $\sqrt{2}$ 倍以内的传播距离称为瑞利距离（Rayleigh range）Z_R。一般来说，腰斑半径越大，瑞利距离越长，即 $$Z_R = \pi \dfrac{w_0^2}{\lambda} \qquad (1.8)$$ 对于高斯光束，w_0 代表光束腰斑的二阶矩半径。在 1.7 节中，将对光斑半径测量的一般方法进行讨论。
聚焦能力	聚焦能力是相干性的结果。傅里叶光学给出了一个粗略的公式，用来计算光束的聚焦能力： $$w_1 w_2 = \dfrac{\lambda f}{\pi} \qquad (1.9)$$ 式中：w_1 是光束在平面 1 上的腰斑尺寸；w_2 是聚焦在平面 2 上的腰斑尺寸；f 是聚焦元件的焦距，如图 1.14 所示。激光的聚焦光斑尺寸要比非相干光小很多。非相干光能够聚焦的尺寸，取决于总体相位误差的量级，这些将在 4.2.1 节中讨论。值得注意的是，焦平面与腰斑的位置并不总是重合的（见附录 A.3）。

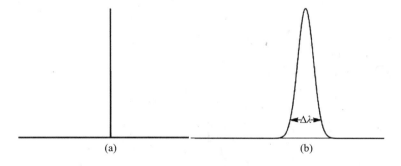

图 1.11　理论带宽（a）与实际带宽（b）

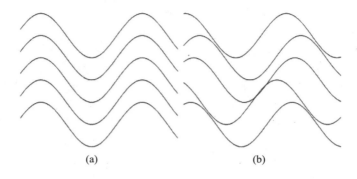

图 1.12　横向相干波（a）与非相干波（b）

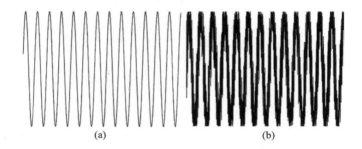

图 1.13　时间相干波（a）与非相干波（b）

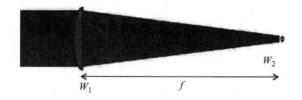

图 1.14　共轭焦平面（见表 1.3 聚焦能力）

1.4.1　近场和远场

近场和远场是描述光束传播特性的两个重要的概念。对于光学研究人员而言，近场等同于菲涅尔衍射，此时菲涅尔数 $N = a^2/z\lambda > 1$，能够使用基尔霍夫 – 菲涅尔衍射积分对衍射进行计算。同样，远场等同于夫琅禾费衍射，此时菲涅尔数 $N = a^2/z\lambda \ll 1$，能够使用菲涅尔衍射积分中的夫琅禾费近似对衍射进行计算。对于本节所述内容，并不需要严格区分近场和远场。对于聚焦光束而言，近场是指激光器或光学系统的出射孔径，远场是指聚焦目标所在位置。在激光通信或激光照明等应用中，不需要对光束进行聚焦。如果某些应用中的菲涅尔数总是远小于 1，那么可能就不存在远场。聚焦元件和望远镜系统会对光束进行空间的傅里叶变换，并且在焦平面形成一个远场图案。图 1.15 和图 1.16 给出了一些近场及远场光束分布的例子。

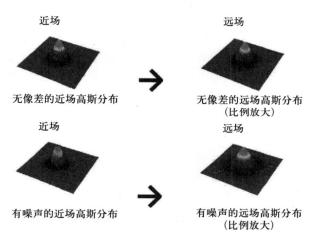

图 1.15　无像差和有噪声高斯光束的近场和远场

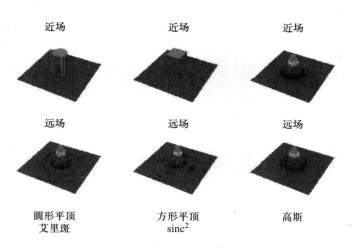

图 1.16　几种标准光束的近场和远场光强分布

大多数远场光斑中心分布与高斯分布相类似，这是物理学所描述的叠加原理的结果。一束高斯光束就是一个天然的 "空间孤子" —— 其分布形状不随传播距离的变化而变化，只有高斯光束具有这种性质。我们可以认为所有光束的分布都由两部分组成 —— 高斯分布和非高斯分布。光束的高斯部分传播至远场时，其形状不发生变化；而非高斯部分传播至远场时，由于其发散角远大于光束的高斯部分而发散开来，易在中心亮斑附近形成暗环。

　　叠加在近场上的噪声或其他像差的主要影响，在于展宽远场的光斑半径，并且使远场峰值下降。图 1.15 所示为一束未受干扰的高斯光束以及一束叠加了噪声的高斯光束。与无像差高斯光束的远场分布相比，带有噪声的高斯光束的远场分布仍是高斯分布，只是光斑半径较宽、中心光强较弱。这种现象很常见，但这并不是像差影响光束远场光斑分布的唯一形式。如果高斯光束所叠加的噪声是高空间频率噪声，通常远场光斑的中心亮斑会保持不变，甚至更窄，但是峰值会下降，并且能量会在一个较大的角度内分散开来，如图 1.17 所示。

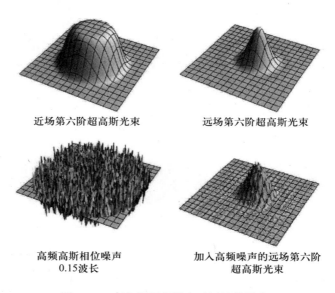

近场第六阶超高斯光束　　　　　远场第六阶超高斯光束

高频高斯相位噪声　　　　　加入高频噪声的远场第六阶
0.15波长　　　　　超高斯光束

图 1.17　高空间频率噪声对远场的影响

　　在许多应用中，会用到环形光斑，尤其是使光束通过带有中心光阑的望远系统的应用。如高斯光束或平顶光束等原本完整光束，中心被去除成为孔洞，便形成了一个较陡的截断面，将降低远场的峰值，并将能量分散至主光斑周围的波纹中，如图 1.18 所示。

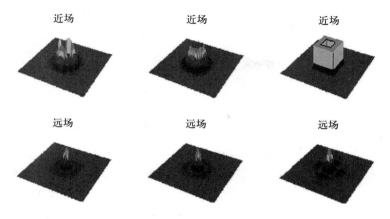

图 1.18 几种环形光束的近场和远场

大多数光束应用中所处理的像差都是一组有限类型的像差。研究人员可能会陷入这样的误区 —— 所有的像差都与他们所处理的像差一样。换而言之，就是认为所有像差都会使远场光斑发散，进而认为对于所有光束和所有像差，描述远场发散程度的度量标准（例如 M^2 因子，见 1.9.1 节，以及横向桶中功率，见 1.9.2.1 节）与描述远场峰值下降的度量标准（例如 Strehl 比，见 1.9.3 节，以及纵向桶中功率，见 1.9.2.2 节）是等价的。但是事实并非如此，度量标准需根据被测光束的性质以及所呈现的像差来选取。

1.4.2 特殊形式

有这样一些光束，鉴于其在激光理论及数学表达上的重要性，需要进行特殊说明。这些光束经常是与实际情况进行对比的基础。这些光束有高斯光束、超高斯光束、圆形平顶光束、方形平顶光束。圆形平顶光束与方形平顶光束的远场图样都有相应的命名。近场为圆形平顶光束传播至远场呈现为艾里斑分布，近场为方形平顶光束传播至远场呈 sinc 函数平方分布。近场为高斯分布的光束在包括远场的所有平面上依旧是高斯分布。对于超高斯光束的远场分布则没有特殊的命名。

1.4.2.1 高斯光束

如 1.4.1 节所述，高斯光束是一个天然的空间孤子。也就是说，高斯光束在传播过程中，形状不会发生改变，不会产生旁瓣或暗环。在模式分析中，高斯光束通常被指定为 $0,0$ 模式，代表最低阶的横电磁模式，记作

TEM$_{00}$。对于高斯分布，$M^2 \equiv 1$。高斯光束振幅的标准形式为

$$u(x,y) \propto \mathrm{e}^{-\frac{(x^2+y^2)}{w^2}} \tag{1.10}$$

式中：w 是光束的二阶矩半径。发散半角定义为二阶矩半径对应的圆角，或者等于峰值下降至 $1/\mathrm{e}^2$ 的点的值：

$$\theta_{1/2} = \frac{\lambda}{\pi w} = \frac{2\lambda}{\pi(2w_0)} = 0.637\frac{\lambda}{D} \tag{1.11}$$

其中 86.4% 的能量集中在 $1/\mathrm{e}^2$ 所对应的半径内，如图 1.19 所示。式中：w_0 是光斑束腰的二阶矩半径；λ 为波长；D 为束腰位置的二阶矩直径。

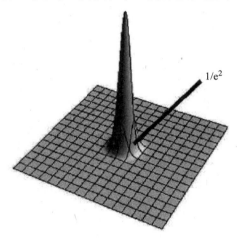

图 1.19　高斯分布

1.4.2.2　超高斯分布

超高斯函数的数学形式表现为负指数函数形式 e^{-r^n}，其中 n 为阶数且 n 大于 2。图 1.20 表示了 2 阶到 8 阶的超高斯分布的二维形式。可以看出高阶的超高斯分布与平顶分布类似。超高斯光束也可能呈环形分布，并且通常存在于非稳腔中。图 1.21 给出了 8 阶超高斯光束和一个环形超高斯光束分布的 3D 视图。

教科书上的知识告诉我们，高斯光束具有最高的衍射效率，这意味着在所有类型的光束中，高斯光束能将最多的能量集中在最小的光斑中。对于无限大的孔径来说，这种说法是成立的。但是一旦采用有限的孔径，一个中阶的超高斯光束在目标上形成的辐照度，通常要优于经过适当截取的高斯光束。例如，图 1.18 所示为一个 6 阶超高斯光束所形成的远场图

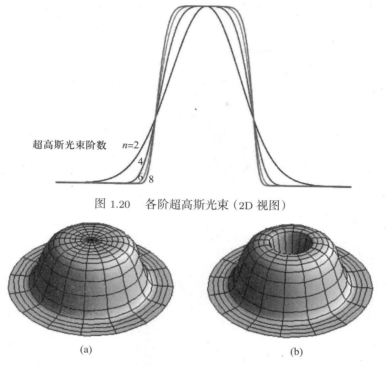

图 1.20   各阶超高斯光束（2D 视图）

(a)   (b)

图 1.21   第 8 阶超高斯和环形超高斯（3D 视图）

样，在图中能观察到非常微弱的衍射环，但是其远场分布与高斯分布非常类似，并且能量损耗极小。超高斯光束的另一个优点是，对于给定功率限制条件，其平均峰值功率较低。也就是说，对于一定的平均输出辐照度，其峰值辐照度较低，因此光学元件的损伤概率也相应降低。这点将在 6.3 节中详细论述。

1.4.2.3   圆形平顶分布及艾里斑

许多光学元件的孔径是圆形的。当一个强度均匀、波前均匀的平面波通过这样的孔径时，形成的光束即为圆形平顶光束。圆形平顶光束在远场将呈艾里斑分布。在一些教科书中因艾里斑分布形似墨西哥帽，而将之称为"墨西哥帽"（sombrero）或者 $\text{somb}(r)$，如图 1.22 所示。圆形平顶光束的二阶矩半径即是孔径的半径，艾里斑分布的光束的二阶矩为无穷大，也就是说圆形平顶光束的 M^2 为无穷大。艾里斑的标准形式为

$$I(r) \propto (J_1(r)/r)^2 \tag{1.12}$$

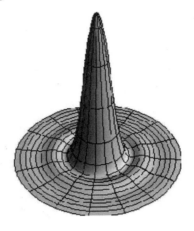

图 1.22　艾里斑

　　由艾里斑的第一个节点所定义的发散角为 $1.22\lambda/D$。艾里斑中心光斑占有总光斑能量的 83.3%。

　　在中心能量这个数值上，圆形平顶光束与高斯光束最好进行一下比较。高斯光束中心（光强下降至 $1/e^2$ 范围内）集中了 86.4% 的能量，并且高斯光束的 M^2 为 1，是一个理想光束。而圆形平顶光束的 M^2 为无穷大。那么，圆形平顶光束真的就比高斯光束无限差吗? 事实并非如此。在某些特性上，圆形平顶光束要优于高斯光束。高斯光束只能通过控制腔内孔径，由自由空间谐振腔产生，且光束不能填满整个增益介质。所以高斯光束对激光增益介质的利用极其不充分。高斯光束输出需要在光束半径约三倍处截断以便传输，意味着对输出孔径的不充分利用。对于给定的输出功率，高斯光束具有极高的峰值光强。由于谐振腔内光学元件损伤阈值的限制，一个基于高斯光束的腔所能达到的输出功率远低于平顶光束腔所能达到的输出功率。在实际应用中，需要仔细调节才能得到一个单模的平顶光束。稳定腔能够轻易得到振幅为平顶分布的光束，但是实际上其中包含有许多其他的激光模式，在远场并不会形成艾里斑。因此，平顶光束通常为 MOPA 的输出光束。

1.4.2.4　方形平顶光束及 sinc^2

　　方形平顶光束在远场所形成的图样为 sinc^2 函数，如图 1.23 所示及式 (2.15)。sinc 函数表示为

$$\text{sinc}(x) = \frac{\sin(x)}{x} \tag{1.13}$$

　　由光斑的第一个节点定义的发散角为 $1\lambda/D$。由于远场光斑图样具

有无穷大的二阶矩，因此 M^2 为无穷大，81.4% 的能量集中在中心亮斑中。sinc^2 光强的一般表达为

$$I[x,y] \propto \sin^2[x]\sin^2[y]/x^2y^2 \tag{1.14}$$

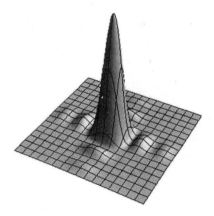

图 1.23　$\mathrm{sinc}^2\,[x,y]$

1.5　激光模式与模式分析

激光光束通常来自于光学谐振腔或波导腔。有时，先使用谐振腔产生一束功率较低的光束，然后再对这束光束进行放大；有时，谐振腔是稳定定的，意味着腔内的波前能够保持形状不变地自再现循环许多次；有时，腔是非稳定的，意味着波前在腔内传播很少的次数之后就会出射。谐振腔非常常见，尤其是在乐器中，像单簧管之类的木管乐器就是非常好的例子。演奏者通过簧片产生声音振动，在这个振动中包含有许多振动分量，然后乐器中的谐振腔"选择"特定的频率来放大，形成了特定的音调与音色。激光谐振腔通常由大量的低功率噪声激发，其中只有与腔相匹配的模式才能够被放大与传输。

在腔内有横模与纵模之分。纵模很好理解，如图 1.24 所示，腔镜置于谐振腔两端，由于入射到腔镜上的波与腔镜反射回来的波振幅相同，相位相反，因此腔镜上电场为 0。对于任意给定的腔都存在一个基模，其波长等于腔内往返光程，即 $\lambda = 2x$，其中 x 为腔长。腔内也能够支持其他模式起振 —— 波长的整数倍等于腔内往返光程，即 $n\lambda = 2x$，其中 n 为整数。所以并不是所有的频率都能够被放大起振。在乐器中，木材或金属的材料

的响应特性抑制了许多模式的起振；在激光谐振腔中，由原子、分子跃迁产生的光子都具有一定的带宽，而哪些模式能被放大则取决于这些带宽。一束激光包含有若干纵模，这很常见。事实上，如果不采取特殊措施，激光一般都是多纵模的。当我们说一束激光是单色的，实际上说的是该激光几乎是单色的。我们可以在图 1.11 上稍加改动，在增益带宽中增加一些纵模模式，如图 1.25 所示。原子或分子跃迁特性使每个纵模都有一定的带宽，同时各个横模中的各个纵模频率也稍有不同。

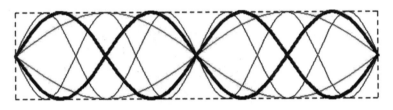

图 1.24　纵模

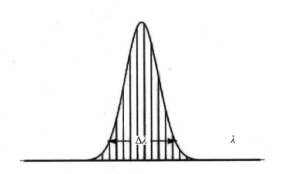

图 1.25　增益带宽下的纵模

值得注意的是，这些不同模式、不同频率之间的点是互不相干的。它们不仅传播速度略有不同，而且通过介质时的响应也略有不同。但这些模式和频率之间的干涉现象发生在非常短的时间尺度内，所以效果会被平均掉。每个模式的强度如独立的非相干光一样被简单地叠加在一起。并且对各个模式而言，其波前和其受到的波前扰动也未必相同。

1.5.1 节将讨论来自不同光源的横模模式。横模对于理解 M^2 至关重要，而 M^2 的提出就是为了了解给定光束的模式构成。模式分析遵从线性代数原理，与量子力学中规定的矢量或者算符 $\langle a|$、态矢 $|b\rangle$ 等并没有什么不同。其基本前提是存在一组能够叠加的基函数来描述一个特定的空间。在三维空间中，称这些矢量为单位矢量，即 $\hat{x}_i \in \hat{i}, \hat{j}, \hat{k}$，通过与标量的相

乘并组合，就能够表示空间中的任意矢量。存在一种称为标积或点积的运算，如果单位矢量相互之间的点积为 0（例如 $\hat{i}\cdot\hat{j}=0$），且单位矢量与自己的点积为 1，则这种性质称为正交归一性，即

$$\hat{x}_i\cdot\hat{x}_j=\delta_{ij} \tag{1.15}$$

所以任意矢量可以用与单位矢量进行点积的方法来确定该矢量中各个分量的组成，即

$$\boldsymbol{V}=\sum V_i\hat{x}_i \quad 及 \quad V_i=\boldsymbol{V}\cdot\hat{x}_i \tag{1.16}$$

尽管通过点积方法能够对一个矢量的矢量成分进行精确描述，但是这种矢量成分并不唯一。为了唯一地描述任意矢量，还需要知道坐标轴 x、y 和 z 的角度或方位。我们发现在模式分析中，光束半径是与三维坐标轴相类似的。例如，如果要描述任意光束，有无限多组可能的模式，则选取这些模式中具有特定光束半径的模式。谐振腔的工作模式与矢量的成分相似。对于振幅及相位来说，存在一组正交归一的激光模式，不同模式之间的权重积分为 0，而同一模式与自己的权重积分则为 1：

$$\iint u_{nm}u_{pq}^*\mathrm{d}x\mathrm{d}y=\delta_{np}\delta_{mq} \tag{1.17}$$

则任意形状的振幅可以通过模式的叠加来描述：

$$\boldsymbol{E}=\sum c_{nm}u_{nm} \quad 及 \quad c_{nm}=\iint \boldsymbol{E}u_{nm}\mathrm{d}x\mathrm{d}y \tag{1.18}$$

式（1.15）及式（1.17）与式（1.16）及式（1.18）相类似。对于矢量而言，除非给出了光束半径，否则一个给定电场的模式描述是精确但并不唯一的。详细理论将在 1.9 节及第 2 章中讨论。以上只描述了正交归一的模式。

大多数模式都是用两组不同的模式来描述的。矩形的厄米高斯模式描述的是 x、y 方向的横向模式。圆形的拉盖尔高斯模式或者光纤模式，描述的是径向及角向模式。低阶的模式通常能在实际激光器中观察得到，故最常见的模式即是最低阶的模式，通常用 (0,0) 标注。在激光腔调节准直的过程中，低阶模式通常会出现。当激光谐振腔调节到基本准直时，第一阶模式及第二阶模式就会产生。

通常情况下，无法单独观察到独立的高阶模式，因为会有许多其他模式的叠加，各个模式的波长之间又稍有不同。当然如果采取特别的措施，高阶模式还是能够被分离并观察得到的。

1.5.1 厄米高斯模式

厄米高斯（Hermite-Gaussian）模式是自由稳定谐振腔内最常见的模式。之所以称为厄米高斯光束是因为在其表达式中存在厄米（Hermite）多项式。厄米高斯光束表达式的推导过程可以参考 Siegman（1986），式（17-1）。为了便于计算，简化形式的厄米高斯（Siegman，1986，式（17-41））模式的表达式为

归一化项　　　　　　　　　　　　　　　　厄米多项式

$$
u_n[x,z] = \left(\frac{2}{\pi}\right)^{\frac{1}{4}} \sqrt{\frac{1}{2^n n! \omega[z]}} \left(\frac{\frac{\pi \omega_0^2}{\lambda} + \mathrm{j}z}{R[z]}\right)^{\left(n+\frac{1}{2}\right)} H_n\left[\frac{\sqrt{2}x}{\omega[z]}\right] *
$$

$$
\exp\left[-\mathrm{j}\frac{\pi x^2 z}{2\lambda R^2[z]} - \frac{x^2}{\omega^2[z]}\right] \tag{1.19}
$$

相位曲率　　　　　高斯振幅

$$
\omega[z] = \omega_0 * \left[1 + \frac{z\lambda}{\pi \omega_0^2}\right]^{\frac{1}{2}} \qquad R[z] = \sqrt{z^2 + \left(\frac{\pi \omega_0^2}{\lambda}\right)}
$$

高斯光束半径　　　　　　　　　波前曲率半径

u_n 仅仅是一维方向的场分布的平方根。为了得到完整的电场分布，需要乘以 y 方向上的电场分量：

$$
u_{nm}[x,y,z] = u_n[x,z]u_m[y,z] \tag{1.20}
$$

电场表达式与其表达式的共轭相乘可得到辐照度分布：

$$
I[x,y,z] = u_{nm}[x,y,z] * u_{nm}^*[x,y,z] = |u_{nm}[x,y,z]|^2 \tag{1.21}
$$

因为 x 和 y 方向上都有各自的 n 阶厄米高斯多项式，所以模式分布需要用两个下标表示，故 00 为最低阶的厄米高斯光束的阶数。其中有一个模式值得注意，即"环形"模式。该模式常常是我们在学校进行激光实验时看到的第一个高阶模。之所以能观察到这种模式分布，通常是因为实

验者使用脉冲激光器时犯了错误，损坏了晶体棒，在晶体棒上留下一条线状损伤所导致的。由于晶体棒中心损坏后具有较高散射能力，激光器谐振腔内能量会向更高阶模式转化，所以环状光束的出现是晶体棒损坏的首个迹象。对于这种情况，通常可由实验人员自行解决：仔细地调整晶体轴线，使其偏离几微米以恢复低阶模式振荡（如果这种情况多次发生，贵重的激光晶体棒已经损坏且无法使用，需要更换）。环状的厄米高斯模式很特殊，因为它会在两个分离的模式 u_{01} 和 u_{10} 之间快速振荡。图 1.26 展示了一

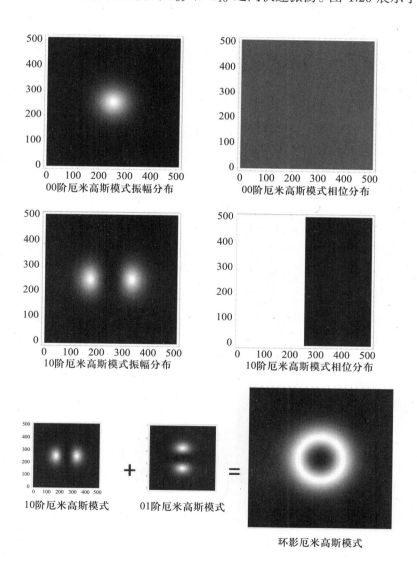

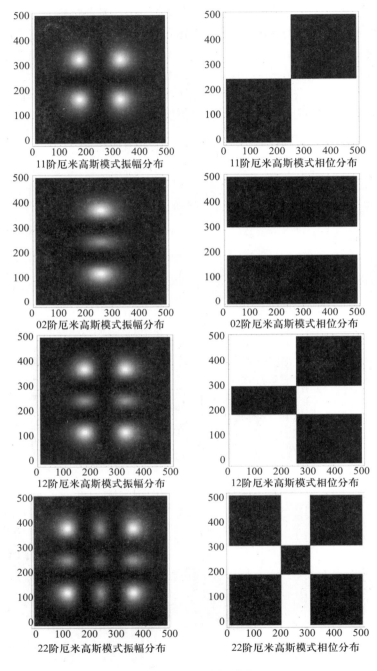

图 1.26 厄米高斯模式

些高阶厄米高斯模场分布。除非在谐振腔内采取增加孔径或限制增益介质的尺寸等方法，否则输出的激光束将是许多这些模式的叠加。厄米高斯模式呈矩形对称分布，对称轴通常由谐振腔内一个反射腔镜相对于另一个反射腔镜的轻微失调产生，即使激光谐振腔看起来具有圆柱对称结构。

1.5.2　拉盖尔高斯光束

拉盖尔高斯光束具有圆柱对称性，需要特别仔细的试验才能获得。这是因为其波前呈螺旋状分布，需要高度准直。除非在腔内放置一些可以引入螺旋相位分布的原件，例如圆楔，否则一般无法得到拉盖尔高斯模式。反射镜之间微小的失调通常会产生一个对称轴，使得形成更常见的厄米高斯模式。表达式 (1.22) 是简化了的拉盖尔高斯模式表达式。其详细的推导过程可以在 Siegman (1986) 中找到。

图 1.27 中所示为前几阶拉盖尔高斯模式的振幅和相位分布。其重要特征是振幅的环形分布和相位的螺旋分布。

拉盖尔多项式

归一化项

$$
u_{p,m}[r,\theta,z] = \sqrt{\frac{2p!}{(1+\delta_{0,m})\pi(m+p)!}} \left(\frac{Z_R+jz}{R[z]}\right)^{(2p+m+1)} \frac{1}{\omega[z]} \left(\frac{\sqrt{2}r}{\omega[z]}\right)^m L_p^m\left[2\left(\frac{r}{\omega[z]}\right)^2\right] *
$$

$$
\exp\left[-j\frac{kr^2}{2}\left(\frac{z}{R^2[z]} - j\frac{\lambda}{\pi^2\omega^2[z]}\right) + jm\theta\right]
$$

相位曲率　　高斯振幅　　螺旋相位

$$
\omega[z] = \omega_0^*\left[1 + \frac{z\lambda}{\pi\omega_0^2}\right]^{\frac{1}{2}} \qquad R[z] = \sqrt{z^2 + \left(\frac{\pi\omega_0^2}{\lambda}\right)}
$$

高斯光束半径　　　　　　　　波前曲率半径

$$
\tag{1.22}
$$

由于其径向对称性，拉盖尔高斯模式为二维分布。将拉盖尔高斯光束场强表达式与其共轭表达式相乘，则可得到光强分布：

$$
I[r,\theta,z] = u_{pm}[r,\theta,z] * u_{pm}^*[r,\theta,z] = |u_{pm}[r,\theta,z]|^2 \tag{1.23}
$$

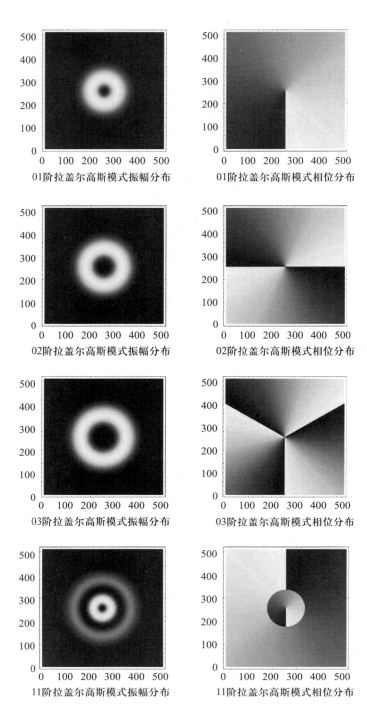

01阶拉盖尔高斯模式振幅分布　01阶拉盖尔高斯模式相位分布

02阶拉盖尔高斯模式振幅分布　02阶拉盖尔高斯模式相位分布

03阶拉盖尔高斯模式振幅分布　03阶拉盖尔高斯模式相位分布

11阶拉盖尔高斯模式振幅分布　11阶拉盖尔高斯模式相位分布

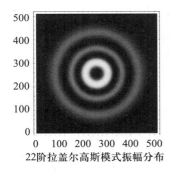
22阶拉盖尔高斯模式振幅分布

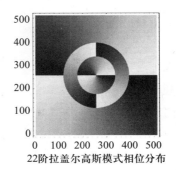
22阶拉盖尔高斯模式相位分布

图 1.27　拉盖尔高斯模场分布

1.5.3　非稳腔模场分布

非稳腔内也存在振荡模式。由于在波前输出之前,光束在非稳腔内往返振荡次数较少,所以非稳腔的模场结构相对简单。通常只有 $1 \sim 2$ 个模式分布。如 1.3.3 节所述,采用福克斯和厉鼎毅(Fox-Li)迭代法可以计算得到非稳腔内的模场分布。通常,首先对波前进行初始估计,然后使用数值方法计算其在谐振腔往返传播的过程,直到出现稳定分布,得到的就是最低阶的模式。然后再来检查传播/收敛过程,检查在恰好收敛前,两种波前形状之间是否存在其他振荡模式。如果存在,则减去基模,得到次高阶模式。非稳腔内的大多数低阶模,通常呈现圆形光斑,且有一些次级波纹,通常用超高斯光束(见 1.4.2.2 节)来近似描述这些模式。

1.5.4　光纤激光器模式分布

光纤激光器具有弱波导结构。通常光纤激光器是由高折射率的纤芯和低折射率(相对纤芯低)的包层构成(见图1.26)。光纤激光器具有类似于前文中描述的拉盖尔高斯模式分布。光纤激光器模场分布表达式的推导可以参考文献 Motes 和 Berdine(2009),第 2 章或 Saleh 和 Teich(1991),$274 \sim 278$ 页。光纤激光器模式计算公式为

$$\text{Numerical Aperture} = \text{NA} = \sqrt{n_{\text{core}}^2 - n_{\text{cladding}}^2}$$
$$V \text{ number} = V = \frac{2\pi}{\lambda} a \text{NA} \tag{1.24}$$

电场表达式为

$$E(r,\theta,z) = A\cos[m(\theta+\theta_0)]\mathrm{e}^{\mathrm{j}\omega t - \beta z} \left\{ \begin{array}{ll} J_l(hr) & r < a \\ BK_l(qr) & r > a \end{array} \right\}$$

其中

$$u = ha = \sqrt{k_0^2 n_{\mathrm{core}}^2 - \beta^2}$$
$$w = qa = \sqrt{\beta^2 - k_0^2 n_{\mathrm{cladding}}^2}$$
$$u^2 + w^2 = V^2$$

h 满足

$$\frac{hJ_{l+1}(h)}{J_l(h)} = \frac{hK_{l+1}(h)}{K_l(h)}$$

h 的解给出了光波导的传播常数 β。这使得光波导内模式分布不同于自由空间模式分布,因为对于给定光波导结构,其内部仅能存在有限数量的模式,而自由空间可以允许大量的模式存在。图 1.29 显示了数值孔径 0.55、芯径 12 μm、波长 1 μm 时,光纤激光器内存在的几个模式分布。光纤激光器内较高阶的模式与拉盖尔高斯模式相似,相位都呈螺旋状分布。实际情况中如果看到这些相位分布,则是由于轻微的不规则性产生了一个轴线,这个轴线固定了相位分布;否则,相位会沿光纤轴线快速抖动。

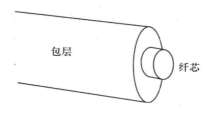

图 1.28　光纤纤芯和包层

这就是为什么不能使用光纤激光器内的高阶模实现相干束组的原因。光纤激光器的高阶模是快速抖动的角向模式的叠加,因此一般不具有稳定的波前相位分布。

对于特定参数的光纤,其内部只存在一些特定的模式,也就是说,存在一些强度分布,无法使用光纤模式的叠加来表示。而自由空间模式分布则不同,原则上,对于任意给定的波前,都存在足够数量的模式分布对其进行表示。

00阶光波导模式振幅分布

10阶光波导模式振幅分布

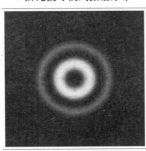

11阶光波导模式振幅分布

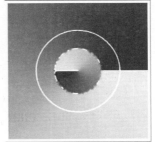

11阶光波导模式相位分布

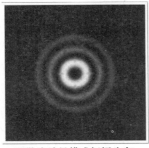

21阶光波导模式振幅分布

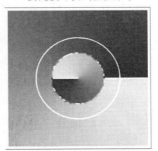

21阶光波导模式相位分布

22阶光波导模式振幅分布

22阶光波导模式相位分布

图 1.29　光纤模式

光纤激光器的最低阶模场分布近似于高斯分布。当然二者也不尽相同，图 1.30 所示为光强二阶矩半径为 8 μm 的高斯光束和芯径 10 μm、数值孔径 0.22 的光纤激光器输出的 00 阶光束的对比。对于二阶矩半径相近输出光束，高斯光束比光纤输出的光束有更宽的"翼"。光纤模式的光束质量（M^2）很低，但是总是大于 1。在这个例子中，采用傅里叶光束传输法计算，可得光纤激光器输出光束的 M^2 因子为 1.08。

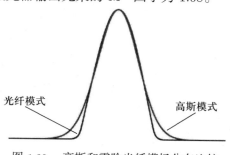

图 1.30　高斯和零阶光纤模场分布比较

1.6　光束中心的一般测量方法

在进行光束质量测量时，一般需要采用一些方法获得光束的中心。例如测量 M^2 因子时，光束中心的精确测量是进行二阶矩光束质量参数测量的基础。在测量其他光束质量参数时，例如进行光束的桶中功率测量时，光束中心的精确测量是进行包围圆能量测量的基础。光束中心的测量和计算偏差将会对光束质量的测量造成影响。举一个典型的例子，对于质量较差光束或非轴对称光束，光束的峰值功率与光束中心并不重合，这时采用不同的测试方法测量桶中功率时光束质量的测试结果将会相差很大。

1.6.1　一阶矩

通过光强乘以坐标权重的归一化积分获得一阶矩：

$$\bar{x} = \frac{\iint xI(x,y)\mathrm{d}x\mathrm{d}y}{\iint I(x,y)\mathrm{d}x\mathrm{d}y}, \quad \bar{y} = \frac{\iint yI(x,y)\mathrm{d}x\mathrm{d}y}{\iint I(x,y)\mathrm{d}x\mathrm{d}y}$$

$$\bar{r}^2 = \bar{x}^2 + \bar{y}^2 = \frac{\iint r^2 I(r,\theta)r\mathrm{d}r\mathrm{d}\theta}{\iint I(r,\theta)r\mathrm{d}r\mathrm{d}\theta}$$

(1.25)

在使用数字相机的测量中，光强一阶矩的积分值须离散化才能使用。

$$x_i = x_0 + i * \Delta x, \quad y_j = y_0 + j * \Delta y$$

$$\bar{x} = \frac{\sum\limits_{i,j=0}^{N} x_i I(x_i, y_j)}{\sum\limits_{i,j=0}^{N} I(x_i, y_j)}, \quad \bar{y} = \frac{\sum\limits_{i,j=0}^{N} y_i I(x_i, y_j)}{\sum\limits_{i,j=0}^{N} I(x_i, y_j)} \tag{1.26}$$

1.6.2　峰值功率

峰值功率点通常被当作光束的中心位置，尤其是在实验中对小光斑进行处理时。只要光斑分布中心对称，这就是一种较好的近似方法。但如果光斑并非中心对称，采用这种方法就会影响光束质量测量结果的准确性了。

1.6.3　传输功率最大法

将光束与光阑对准的标准实验操作为：在光阑远端放置功率计，前后和上下调整光阑方向使光阑输出功率最大，如图 1.31 所示。

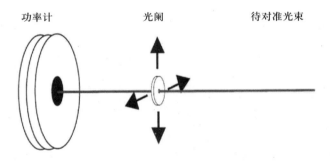

功率计　　　　　　光阑　　　　　　待对准光束

图 1.31　采用最大传输功率法实现光阑与光束的对准

当光阑用于桶中功率的测量时，那么就已经默认选择这种方法对中心进行确定，而不需要考虑该方法对光束质量测试结果的影响。很多光束会在各个不同方向上产生焦点，分别称为子午焦点 S_1 和弧矢焦点 T_1，如图 1.32 所示。这种情况下则无法判断实际的光束焦点位置。这也是引起光束质量测量不准确的原因之一。

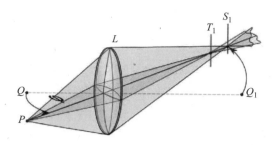

图 1.32　子午 (S_1) 和弧矢 (T_1) 交点 (经 Sebastian Kosch/Wikimedia Commons 许可转载)

1.6.4　几何中心/截断

在一些场合可以用光束的截断值作为光斑的轮廓, 例如可以采用峰值功率的 5% 作为截断值。如图 1.33 (a) 所示为有噪声的矩形超高斯光束, 采用峰值功率 5% 作为截断值测得光强分布。并用这个截断值来定义光束的几何形状, 如图 1.33 (b) 所示。轮廓的中心有时也用作光束的中心。这个方法的优点是即使有许多噪声叠加在光束上, 光束中心依然是时域稳定的。例如在数千瓦级的 MOPA 激光器中, 甚至出现过 400% 的振幅噪声。光束中每一个脉冲之间的一阶矩可能会有很大不同。几何中心的作用, 就是将如 M^2 之类的光束质量参数转换成一个与其紧密相连的衍射极限倍数参数。只要保证光束的截断轮廓是在光束的真实孔径之中的 (并且这是明确规定的), 那么这种方法就对多数参数有效。

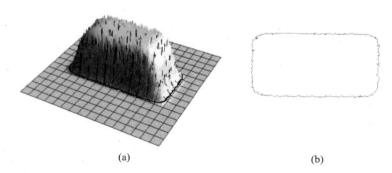

(a)　　　　　　　　　　　　　　　　　(b)

图 1.33　带有噪声的矩形超高斯分布, 选取 5% 作为截断值 (a) 与在图 (a) 中使用 5% 作为截断值得到的光束轮廓 (b), 可用于计算光束中心

有两个特别需要注意的地方。①使用截断值将会使一定的能量排除在

外。图 1.33（a）所示的光束中，大约有 0.5% 的总能量在 5% 截断以外。在数千瓦量级的激光器中，这个数值将非常大。例如在 100 kW 的激光器中，轮廓外的能量可能会超过 500 W。一个重要的一致性原则就是，所有的光束质量参数里都包含有激光生产厂商标定的总输出功率。而光束质量参数的意义就在于将功率与其他输出特征组合在一起，来判断光束对目标的总体影响。②在计算光束质量时，几何轮廓不能用于计算光束的出射孔径面积。出射孔径是激光束所要通过的系统的实际孔径。当一束光束通过一个光学元件序列时，其近场几何轮廓会发生改变。

1.7　光束半径和发散角的一般测量方法

　　一般来讲，激光光束并没有界限明确的边缘。测量没有明显边界对象的宽度一直都是一个难题。这种情况在机械或物理学领域里也并不少见。例如，如果被问及如何确定太阳的直径，首先的回答可能是通过测量太阳可见亮盘的角度范围并乘以太阳到地球的距离来得到太阳直径。经过进一步思考，我们很快就会意识到，可以基于密度、引力、磁场、日冕或者温度来定义太阳的直径，这些定义与基于我们观察到的光球层所定义的直径同样合理。也就是说，太阳直径的测量并没有想象的那么简单。一些光束质量的定义取决于其对光束半径的定义。光强二阶矩半径定义与光束质量的 M^2 因子定义是对应的，而光束质量的桶中功率评价标准则采用硬截断标准来定义光束半径。假定光斑半径测量的微小差别不会改变光束质量的测试结果，这是光束质量测量中的常见错误。在某些特定情况下，即当光束的半峰宽恰好等于二阶矩半径时，光束半径测量值的微小差别的确不会影响光束质量测量结果，但是大部分情况下影响很大。激光束衍射角的测量与光束半径的测量也具有同样的问题。一般，光束的衍射角 θ 通过公式 $\tan(\theta) = r/z$ 计算，其中 r 是远场的光斑半径，z 是远场光斑距离光束束腰或发射孔径的距离。任何发散角的测量或计算都包含有对光斑半径的测量。

　　想要进行模场分析，首先需要测得光斑半径。而对于"一个激光束到底包含多少个模式"的问题，不同的光斑测量结果会给出很多不同答案（见 1.9.8 节）。

1.7.1 光强二阶矩

光强二阶矩是光强与坐标值平方乘积的加权平均。光束二阶矩半径的平方是二阶矩积分的两倍，如式（1.28）所示。光强的二阶矩半径 w 表示为

$$w_x^2 = 2\frac{\iint (x-\bar{x})^2 I(x,y)\mathrm{d}x\mathrm{d}y}{\iint I(x,y)\mathrm{d}x\mathrm{d}y}, \quad w^2 = w_x^2 + w_y^2 \tag{1.27}$$

光强的二阶矩半径是唯一与 M^2 相关的光束半径参数（ISO，2005）。当使用数字相机时，二阶矩可以被离散化。光束二阶矩半径定义方法的优点是可以应用于各种光束半径的定义。其缺点是计算量较大，并且当距离中心越远时，其积分的权值就越大，这意味着杂散光、相机噪声、空气中灰尘的后向散射等因素会对二阶矩半径和光束质量的测量结果产生明显影响。光强二阶矩测量的实验误差将在第 2 章进行详细讨论。

1.7.2 高斯光束的最佳拟合

任何函数都可以通过最小二乘法，来"完美"地拟合成为高斯函数，而这个拟合的半径就可以作为光束的半径。通常认为这种方法与二阶矩是相同的。但有两个例子证明事实并非如此。

首先，高斯拟合算法会选择一个参数 w，使得式（1.28）中所示的方差最小（这与式（1.27）无相似之处）：

$$\int \left(I(x,y) - \exp\left[-2\left(\frac{x^2+y^2}{w^2}\right)\right]\right)^2 \mathrm{d}x\mathrm{d}y \tag{1.28}$$

下面举一个反例，证明使式（1.28）最小化，并不会使其与式（1.27）一致。考虑光斑半径为 a 的圆形平顶光束，由于其沿原点中心对称，因此将直角坐标系转化为极坐标，由式（1.27）得到：

$$w = \sqrt{2\frac{\iint r^2 I(r,\theta)r\mathrm{d}r\mathrm{d}\theta}{\iint I(r,\theta)r\mathrm{d}r\mathrm{d}\theta}} = \sqrt{2\frac{\int_0^a r^3\mathrm{d}r}{\int_0^a r\mathrm{d}r}} = \sqrt{a^2} = a \tag{1.29}$$

圆形平顶光束的二阶矩半径与其平顶的半径相等。当使用 Mathematica® 软件中的最佳拟合函数 Nonlinear ModelFit，对半径为 a 的圆形平顶光束进行拟合时，得到的半径为 $1.426a$。图 1.34 所示为圆形平顶光束和两个

等体积的高斯光束（已经归一化为相同的积分功率）的二维截面示意图。最佳高斯拟合光束半径与二阶矩得到的光束半径完全不同。

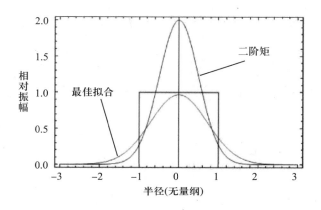

图 1.34　圆柱平顶光束的二阶矩半径和最佳拟合半径的对比

另外还有一些高斯光束的不利因素值得注意。首先，如果高斯光束采用 M^2 因子定义的光强二阶矩来定义其半径，高斯光束的峰值功率为同等功率平顶圆柱光束峰值功率的两倍。对于大功率激光器系统来说，这意味着与平顶分布光束相比，高斯分布光束的谐振腔的内光学元件的损伤阈值较低。其次，当传输相同能量光束时，高斯光束需要的孔径比平顶光束孔径大 $2 \sim 3$ 倍。再次，高斯光束与平顶分布光束相比，在通过增益介质时提取能量的能力差，因此其功率水平较低。

但是高斯光束与其他光束相比具有一个无法比拟的优点，即高斯光束允许无限大的通光口径，而其他光束不允许。6.3 节将详细讨论截断对高斯光束传播的影响。

1.7.3　第一级暗环

在具有硬边截断装置的系统中，激光光束通常（无大气湍流和热晕影响）在远场具有明显的带有暗环的中心亮斑。典型例子如 1.4.2.3 节中讨论的，方形平顶分布光束（近场）将转换为正弦平方分布光束（远场），圆形平顶分布光束（近场）将转换为艾里斑分布光束（远场）。这种测量方法，由于其近场波束形状可能没有明显和稳定的零点，所以它仅适用于远场应用。但如果涉及光束在大气中的传播，那么由于激光与大气的相互作用，例如湍流或热晕，可能会使第一级暗环被部分填充或者转化成为更复杂的形状, 便无法进行准确测量。这使得基于一级暗环的光束质量的测量很难在实验室外使用。

1.7.4 硬截断测量

一些常用的光束半径参数会选取使用一个任意的截断值, 如半幅半宽 (HWHM) 以及光强最大值 $1/e^2$ 处的半宽 (HW1/e^2M)。这些截断定义的方法虽然便于计算和测量, 但是存在一些问题。首先, 它们是任意的, 因此会引起光束半径的测试结果存在争议。其次, 这种截断的定义有时会与一些特殊应用的光束半径定义相同。例如, 对于高斯光束采用光强最大值 $1/e^2$ 处两点间距离的一半 (HW1/e^2M) 定义的束宽与光强二阶矩半径相等; 对于圆形平顶光束任何尺寸的截断标准都与光强二阶矩半径相等。这时如果用截断值的测试结果代替二阶矩半径, 将会引起光束质量测试结果的不确定。但只要不是关于 M^2 因子的测试, 采用这种非标准方法进行光束质量测试就不会有问题。在 1.9.1 节和第 2 章中, 仅使用光强二阶矩半径作为光束半径的定义。

测量光束束宽的另一种硬截断方法是 ISO 两点法, 也称刀口法 (将在 2.8 节讨论)。采用这种方法测试时, 利用刀刃来部分遮挡光束, 记下透射光功率 (能量) 为总功率 (能量) 的 84% 和 16% 时的刀刃位置, 它们之间的距离即为束宽。某些情况下, 这种方法等同于二阶矩方法, 这又导致 M^2 参数测量的另一系列问题。

1.7.5 模式最大化

有一种高斯包络理论, 称为内嵌高斯光束理论。其思想是, 对于任意给定的光束形状, 其内部一定包含有零阶高斯光束。通过选取适当的高斯光束, 使其与给定光束的交叠积分最大, 那么这个高斯光束的半径, 即可被认为是该光束的半径。如果一束光束看起来明显是高斯光束, 那么这种方法就是一种默认的方法。6.2 节中关于非高斯光束的讨论中, 给出了一个值得注意的例子来说明这种方法的特定性。

1.8 光束质量衰减的常见诱因

本节从光束质量仅是激光的一个函数的角度出发, 总结了最常见的光束质量下降的原因。对于包含有长距离传输应用的激光系统, 光学元件序列及大气环境中的许多因素都会导致激光作用到目标上的效果降低以及光束质量参数的下降。

1.8.1 谐振腔模式

很多关于光束质量的定义都是假设参考光束为单模光束,例如一束具有平滑波前的光束。对于 M^2 因子而言,参考光束为基模高斯光束。对于桶中功率而言,参考光束可以是平顶光束、截断高斯光束或超高斯光束。任何与参考光束有差别的光束,都会使光束质量参数与 1 偏离。高阶模的半径和衍射角都比基模大。稳定腔内高阶模产生的原因通常是腔的失准或腔内遮挡抑制了低阶模的产生,或者是增益介质具有较大的增益孔径,使得高阶模得以起振。

1.8.2 物理非均匀性

增益介质和谐振腔光学元件的物理非均匀性都可能会降低光束质量,然而也有例外。某些情况下,会在谐振腔内刻意放置梯度反射镜或特定掺杂的光学元件。一般来说,诸如掺杂梯度、密度变化或抛光误差等低空间频率非均匀性有产生高阶模的倾向,从而引起激光功率的衰减;而诸如杂质、阻塞、缺口、划痕等高空间频率的非均匀性可能会导致中心散射,减小中心能量。有时,这些类型的杂质并不会显著改变输出光束的形状,一部分本该从谐振腔输出的能量将会简单地散射回谐振腔,显示为额外的热负荷。对于千瓦级功率的激光器而言,这种现象值得重视;而对于小功率激光器来说,虽然可以在一定程度上忽略这种现象,但小百分比的功率损耗也不容小觑。

由于操作失误引起的激光器的损伤也会降低激光器的光束质量。对于脉冲激光器这种现象尤为明显。如果由于操作人员的操作失误导致脉冲宽度过窄,使脉冲的峰值功率超过材料损伤阈值,晶体可能会产生缝隙、阻塞或熔融,尽管激光器受到这样的损伤之后仍会输出激光,但光束会受到影响并使输出光束特性发生改变。大多数情况下,光束质量退化即表明激光器已受到损伤。

某些高空间频率的非均匀性会产生很奇特的现象。例如在透明多晶(陶瓷晶体)激光材料中,可能在晶界之间的间隙中具有不同的晶相。Nd:YAG恰好处于氧化钇和氧化铝之间的相变边界上,因此在晶体中可能会出现氧化钇和氧化铝的富集核。在某些材料中,软膏抛光使用的抛光颗粒可能会嵌在材料的亚微米结构表面并且引起激光发生散射。

使用可变形镜也会产生物理非均匀性。在变形镜的致动单元之间会存在一个少量的 "松弛" 这会引起周期性的波前非均匀性。这种非均匀性将体现在功率损耗和光束散射上。

关于这些高空间频率非均匀性的关键点是,如果由某个参数测量得到的光束质量中没有包含输出功率,那么这个参数可能就探测不到这些高频分量。在这种情况下得到的标准光束质量测量结果都是值得怀疑的。只有考虑了激光器系统的效率或者目标光场性能的测试才可以可靠地检测出激光输出光束质量的衰减程度。

1.8.3　热非均匀性

大多数光学材料的折射率会随着材料温度的变化而变化,对光束质量的影响表现为热光效应,这种现象主要存在于高能激光系统。激光谐振腔或波束内的空气会被加热形成热透镜。为减轻这种热非均匀性导致的热透镜效应,可以采用调节光路、使用真空管或者选择氦气等具有很低的热光系数的气体的方法。大多数激光晶体、陶瓷和玻璃也会表现出热光效应。有时,这些热非均匀性是时间相关的,仅在激光器运转最初的几秒钟出现;有时,这种热非均匀性会周期性存在。热效应还有可能会引发 "意想不到的调 Q 效应":假设激光增益介质有很强的热光系数,当激光处于全功率输出时,热分布形成了稳定的热透镜,破坏了谐振腔的结构,最终导致谐振腔内无法振荡;腔内无振荡,便加快了增益介质中热的扩散,当温度分布的不均匀性再次发生改变之后,激光器再次开始振荡。

在一些激光结构中,热非均匀性会导致增益介质的机械形变,把已经存在的 "热透镜" 变为 "热应力透镜"。光学膜层中膜的热形变改变了膜层的反射率,就是产生这种现象的典型实例。在高功率情况下,为了避免这种效应可能需要使用高导热性的反射光学元件或者采用非镀膜的楔形光学元件。

1.8.4　衍射效应

实际光学系统中总会存在硬边截断。如果在这些硬截断处有光束通过,所产生的衍射效应将会导致光束产生圆环、波纹和散射,进而引起光束质量的退化。在激光放大器中这种现象尤为明显。激光放大器通过将光束充满放大器介质,来提高能量的获取效率,这意味着光束边缘低功率部分会被增益介质的边缘所阻挡,这将会导致衍射条纹的出现。如果这些衍射条纹产生于放大链中的低功率部分,那么这些衍射条纹就可能被相当程度地放大,最终引起光束质量的退化。在某些放大器结构方案中,使用空间滤波器来抑制这种衍射效应。

1.9 常见光束质量测量方法

1.9.1 M^2 因子

近年来,M^2 因子已经成为最广为人知的光束质量评价参数。虽然 M^2 因子具有广泛的应用,但正如将在第 2 章中所讨论的,在实验上准确测得 M^2 因子仍具有一定难度。模式因子 M 的提出,是用于评价和描述实验测定稳定腔输出的多模激光的模式结构的,而 M^2 因子则等于实际光束束腰半径和发散角乘积与参考高斯光束的束腰半径和发散角乘积的比值,即

$$M^2 = \frac{\Theta W}{\Theta_0 W_0} \tag{1.30}$$

式（1.30）虽然形式简单,但是深入理解其含义时,会发现事实并非如此。首先,光束半径及发散角必须通过二阶矩方法测量（Siegman,1998）。其次,在许多学科分支测量光束质量的结构方法中,都只是采用三种常见结构方法中的一种,并对式（1.30）进行相应的调整,得到了与其相应的公式。许多研究人员没有意识到,在特定领域使用的某种结构方法并非光束质量测量唯一的结构方法。这三种结构方法分别是恒定束腰（照明）、恒定发散角（实验室）及高斯包络（Johnston and Sasnett,2004,pp.8.39）。这三种结构方法如图 1.32 至图 1.34 所示,其中实线表示理想光束或参考光束半径的范围,虚线表示被测量光束或待考察光束的半径范围。这些方法将会在 6.1 节中详细讨论。

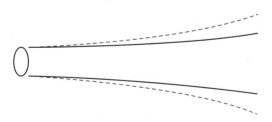

图 1.35　恒定束腰（照明）结构

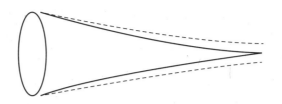

图 1.36   恒定发散角（实验室）结构

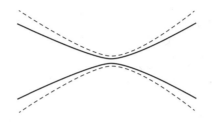

图 1.37   高斯包络结构

对于照明用激光，恒定束腰法是指不经过会聚使参考光束与实际光束同时从近场孔径发射传播至远场。在这样的结构方法中，$w = w_0$，式（1.30）则化简为待测光束和参考光束远场发散角的比值（式（1.34）及式（1.35））。恒定发散角法是指使实际光束与参考光束聚焦到同样大小的光斑，使它们的发散角相等（$\Theta = \Theta_0$），式（1.30）可简化为在透镜出瞳处光斑尺寸的比值（式（1.36））。将光束聚焦是实验室中最常见的光束质量测量方法。最后，对于高斯包络（理论）结构方法，关键在于内嵌基模高斯光束的定义，使得对于实际光束的二阶矩半径在任何位置都是该光束基模半径的 M 倍，即

$$W[z] \equiv Mw_0[z] \text{（仅对高斯包络结构）} \tag{1.31}$$

在这种情况下，远场发散角可以表示为光束半径与传播距离的比值，式（1.30）则简化为两束光束束腰半径平方之比（式（1.37）），高斯包络结构方法只适用于理论计算而不能应用于实验测量。表 1.4 对上述的三种结构方法进行了总结。我们经常能够见到一些文献中，将式（1.34）至式（1.37）中的某一个公式定义为 M^2，而不提及其他公式。对于光束质量，每个科研人员都有自己较为偏好的定义，而没有站在一个较为宏观的层面考虑光束质量的定义。

如果给定光束能够表示为若干厄米高斯模式的叠加，a_n 表示 u_n 模式

的权重，如下式：

$$E[x] = \sum_n a_n u_n \tag{1.32}$$

则在 x 方向的 M^2 可表示为

$$M_x^2 = \sum_n a_n^2 (2n+1) \tag{1.33}$$

式（1.33）的推导见 A.1.1 节，其与 Carter（1980）的推导过程十分相近。

表 1.4   常见的 M^2 公式

结构	由式（1.31）导出	
恒定束腰（照明）	$M^2 = \dfrac{\Theta}{\Theta_0}$	(1.34)
	$\Theta_0 = \dfrac{\lambda}{\pi w_0}$	(1.11)
	$\Theta = M^2 \dfrac{\lambda}{\pi w_0}$	(1.35)
恒定发散角（实验室）	$M^2 = \dfrac{w}{w_0}$	(1.36)
高斯包络	$M^2 = \left(\dfrac{w}{w_0}\right)^2 = \left(\dfrac{\Theta}{\Theta_0}\right)^2$	(1.37)

在光束横截面其他维度上也有相似的表示，并且总的 M^2 表示为

$$M^2 = M_x M_y \tag{1.38}$$

对于拉盖尔高斯模式，如果一个径向对称的场能够用一个总模式 u_{pl} 表示，其中 p 为径向模式阶数，l 是角向模式阶数，那么

$$E[r, \phi] = \sum a_{pl} u_{pl} \tag{1.39}$$

则 M^2 可表示为

$$M^2 = \sum a_{pl}(2p + l + 1) \tag{1.40}$$

式（1.40）的推导见 A.1.2 节，其与 Phillips 及 Andrews（1983）的推导非常相近。

对于式（1.33）及式（1.40）有一点需特别注意。对于给定的电场，模式的叠加有无限多种可能。类比于三维空间，对于任意给定的矢量，其 x、y

和 z 分量的叠加也有无限多种可能。坐标轴的方向决定实际矢量分量的方向。类似地，光束半径决定了叠加所使用的一组特定的模式。只有在确定了叠加模式的光束二阶矩半径时，式（1.33）及式（1.40）才是有效的，6.2 节中将有一个例子说明。如果对光束半径的定义使用了二阶矩半径外的其他定义方式，那么式（1.33）及式（1.40）给出的结果将不是 M^2 而是衍射极限倍数（见 1.9.8 节）。

1.9.2 桶中功率

桶中功率参数即指特定区域内所包含功率随远场光斑半径或角度的变化曲线（见图 1.35），也指由该曲线上获取的各种参数与参考光束曲线上相应参数的比值。图 1.38 给出了三条曲线：一条为作为示例的实际光束曲线；一条为衍射极限艾里光斑（见 1.4.2.3 节）曲线；一条为衍射极限高斯光束的曲线（见 1.4.2.1 节）。后两种光束均可作为参考光束。

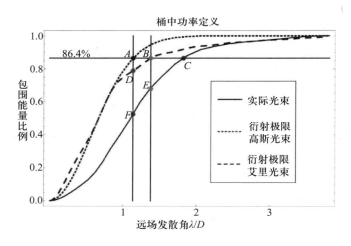

图 1.38 PIB 定义的三条曲线

1.9.2.1 横向桶中功率

横向桶中功率（Horizontal Power In the Bucket, HPIB），是指包含输出总功率一定比率的能量所需的远场半径或发散角与参考光束远场半径或发散角的比值。一些文献（Basu 和 Gutheinz，2010）也称其为横向光束质量（HBQ）。最常用的定义是，使用一个带有均匀相位平面波填充的孔径作为参考，包含 $1 - 1/e^2 = 86.4\%$ 的能量所需的远场半径或远场发散角

的比值。一般来说

$$\text{HPIB} = \frac{r(\varepsilon)}{r_0(\varepsilon)}, \text{ 其中 } \frac{\int_0^{r(\varepsilon)} I[r,\theta] r \mathrm{d}r}{\int_0^\infty I[r,\theta] r \mathrm{d}r} = \frac{\int_0^{r_0(\varepsilon)} I_0[r,\theta] r \mathrm{d}r}{\int_0^\infty I_0[r,\theta] r \mathrm{d}r} = \varepsilon \quad (1.41)$$

在图 1.38 中，如果实线代表了一束从清晰的圆形孔径出射的受到扰动的光束，那么横向桶中功率则是 C 点与 B 点光束半径或发散角的比值，即

$$\text{HPIB} = \frac{r_C}{r_B} = \frac{\theta_C}{\theta_B} \quad (1.42)$$

当然，也可采用高斯光束作为参考光束，则横向桶中功率表示为 $\text{HPIB} = r_C/r_A$。

对于 HPIB 及相关参数，有一点需要特别注意，即对于圆形区域内所包含的功率分数的选取。假设光束质量规定将一定半径范围内包含的功率占总功率的比值设置为 80%。进一步假设衍射极限的例子是近场均匀填充的方形孔径，在远场是 sinc 平方分布。这样的远场分布将有 81.4% 的能量集中在衍射极限中心亮斑内。也就是说对于一些扰动，使得 1.4% 的能量衍射至中心亮斑之外，都使得该参数需要向外扩展到第二阶甚至更高阶旁瓣直到满足所需的 80% 的能量。这使得 HPIB 并不是一个线性的参量，仅仅能够表示功率是否达标，而不能表示达标的程度。因此，在系统标准中使用该参数将会存在一定风险。

图 1.39 给出了一个典型的 HPIB 随扰动程度变化的曲线。HPIB 起初保持在一个数值，直到扰动达到一定量级，使得中心能量下降到所指定的标准以下，然后 HPIB 快速增大为另一个值。在关于光束质量变换的章节（4.2.1 节）中，有一个计算空间高频波前畸变的例子。

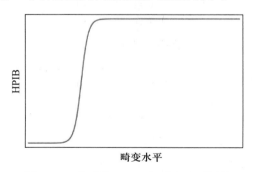

图 1.39　典型的 HPIB 与畸变水平图像

1.9.2.2　纵向桶中功率

纵向桶中功率（Vertical Power In the Bucket，VPIB）是指在远场特定半径的圆形区域内包含的功率与总功率的比值或比值的平方根。一些文献（Basu 和 Gutheinz，2010）称其为纵向光束质量（VBQ）。最常用的定义是与高斯光束一倍二阶矩半径内（$0.64\lambda/D$）所包含的功率相比较（对于高斯光束，包含的功率占总输出功率的比值为 $1 - 1/e^2 = 86.4\%$）。使用光斑第一暗环的半径或者该半径的倍数作为标准也比较常见。在图 1.38 中，如果实线代表了一束受到扰动的高斯光束，则 VPIB 就是 A 点及 F 点所包含的功率的比值，表示为

$$\text{VPIB} = \frac{P_A}{P_F} \text{ 或者 } \text{VPIB} = \sqrt{\frac{P_A}{P_F}} \tag{1.43}$$

通常来说

$$\text{VPIB} = \frac{\int_0^a I_0[r,\theta]r\mathrm{d}r}{\int_0^a I[r,\theta]r\mathrm{d}r} \text{ 或者 } \text{VPIB} = \sqrt{\frac{\int_0^a I_0[r,\theta]r\mathrm{d}r}{\int_0^a I[r,\theta]r\mathrm{d}r}} \tag{1.44}$$

并没有严格的理论证明带平方根比不带平方根的表达式更好。对于高斯光束，不带平方根的 VPIB 与 M^2 成正比，但是带平方根的 VPIB 与 M 参数更加接近。在高能激光工业领域，通常使用带平方根的定义。与 HPIB 相比，VPIB 是一个更可取的参数，该参数随扰动的增强曲线更加平滑。VPIB 也与环围功率和 Strehl 比相似，这将在 4.2 节中进行讨论。

1.9.3　Strehl 比

Strehl 比是为了衡量点光源（如星光）亮度而设计的。用于激光光束质量评价标准时，其描述的是被测光束的峰值功率与参考光束的峰值功率的比值，参考光束通常是高斯光束或平顶光束。Maréchal 近似是描述 Strehl 比与波前畸变之间联系的公式。Maréchal 博士（Maréchal，1947）（使用英文复现了推导过程（Born 和 Wolf，1980，460 ~ 464 页））推导出了两项级数，即下述方程的中间部分：

$$S \equiv \frac{P_0}{P_{\text{ideal}}} \equiv 1 - (2\pi\varphi)^2 + \ldots = e^{-(2\pi\varphi)^2} \tag{1.45}$$

式中：φ 是波前畸变的均方根值；P_0 是峰值功率；P_{ideal} 是参考光束的峰值功率。可以明显看出，对于空间高频扰动，一个波前畸变平方的指数形

式完全包含了这个级数（式（1.45）右侧），然而直到最近人们才对其进行了严格的推导（Ross，2009）。

Strehl 比作为波前畸变函数的一个更一般的形式是

$$S(\varphi) \equiv \varphi^2 |\mathcal{F}[\mathrm{PDF}[\hat{\xi}]]|^2 \tag{1.46}$$

式中：φ 是波前畸变均方根值；$\mathcal{F}$ 代表傅里叶变换；$\mathrm{PDF}[\hat{\xi}]$ 为大气噪声分布的概率密度函数。如果使用高斯噪声描述该物理过程，则推导出的结果是 Maréchal 近似方法导出的指数形式。如果采用其他分布来更好地描述波前畸变，如采用描述湍流的柯尔莫戈洛夫方程（Kolmogorov，1962）或者描述光学像差的低阶泽尼克多项式（Janssen 等，2008），那么将出现其他形式的推导结果。

1.9.4 波前畸变

波前畸变是在光束控制约束中最常用的光束质量参数，因为该参数与技术人员所能矫正的畸变紧密相连，这些畸变包括面型误差引起的扰动、散射、镀膜或抛光误差，大气湍流扰动、热晕等。波前畸变通常通过哈特曼（Hartmann）或者夏克－哈特曼（Shark-Hartmann）波前探测器测量。两种波前探测器都包含有放置在标准电荷耦合器件（Charge-Coupled Device，CCD）前的薄层，哈特曼传感器使用的薄层是带有小孔的挡板，而夏克－哈特曼传感器使用的是微透镜阵列（见图 1.40）。

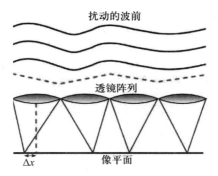

图 1.40 夏克－哈特曼波前传感器内的微透镜阵列（经 Wikimedia Commons 许可转载）

无论是在哈特曼还是夏克－哈特曼传感器中，非平面的波前都会引起透射光强分布的偏移。利用这些偏移量，借助 G-S 算法（Gershberg-Saxton

algorithm，Gershberg and Saxton 1972）能够对波前进行重构。值得特别
注意的是，哈特曼传感器是在恒定间距上对波前进行采样，而夏克 – 哈特
曼传感器是在每个微透镜的区域内对波前进行平均，也就是说所有的波前
传感器都会受限于空间分辨率。在实际应用中，需要对近场的光强分布、
波前以及远场的光强分布进行测量。用测量得到的近场波前对波前进行初
步估计，然后对近场估计的结果进行傅里叶分析得到远场光强分布，并与
实际测量的远场光强分布进行对比，最后使用迭代逼近法对真实的近场波
前进行重构。需要重点说明的是，通过这样的方法，波前中的空间低频分
量是通过测量得到的，而高频分量是通过数学方法推算得出的，并且只代
表能够形成测得的远场光强分布的一种可能的波前。使用这种方法得到对
波前畸变的描述，是十分有效的，但是无法获取特定的波前特征。对于空
间高频扰动，Maréchal 近似建立了波前畸变与 Strehl 比之间的联系（见
1.9.3 节）。

1.9.5　中心光斑功率

中心光斑所占的总功率的比值是一个非常有用的参数。这个参数并不
适用于高斯光束，因为高斯光束不存在暗环来区分中心光斑与外围光斑。
这个参数与纵向桶中功率（VPIB，见 1.9.2.2 节）紧密相关。关于中心光
斑功率的计算将在第 4 章说明。

1.9.6　光束参数乘积

光束参数乘积（Beam Parameter Product，BPP）是一个在半导体激
光工业中常用的参数，它是光束半径与远场衍射角的乘积，即

$$\mathrm{BPP} = \Theta w \sim \frac{\lambda}{\pi} M^2 \tag{1.47}$$

式中约等号的意义是，通过二阶矩方法获得远场衍射角及近场光束半径
时，BPP 参数与 M^2 参数间具有一定数值关系。在激光二极管工业中，通
常使用二极管发光截面的物理宽度作为近场光束半径，因此虽然式（1.47）
是首选的最优的近似，但是在半导体激光器的规格表中 BPP 参数与 M^2
之间的比值并非 λ/π。

1.9.7　亮度

亮度 B，是功率与发射源光束面积和目标光束半径包含的立体角的

乘积的比值，表示为

$$B = \frac{P}{A_{\text{source}}\Omega_{\text{target}}} = \frac{Pz^2}{A_{\text{source}}A_{\text{target}}} \tag{1.48}$$

在大多数实际情况中，发射源与目标可以分别等同于近场及远场，所提及的区域指的是光束直径或者硬边光阑而非实际的物体。图 1.41 是一个激光瞄准器和导弹目标的示意图，其中 z 为传播距离。

亮度有时也用功率除以光束质量的平方来表示，这是因为对于高斯光束而言，亮度等于功率除以 M^4，参见 4.1.5 节。但认为亮度等于功率除以任何其他光束质量指标或在任何其他条件下都适用，则并不恰当。

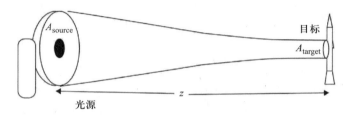

图 1.41　光源和目标

接受过大学光学课程的人都知道，亮度除以功率称为光学扩展量（étendue）。这个参数可以在任何无扰动系统中的各个方面使用，例如常见的大学课本中所给出的透镜或反射镜的结构图。许多简单的光束布局问题能够通过该参数来解决，然而在实际情况中，无扰动的系统并不存在，因此光学扩展量和亮度仅能应用于理想光束系统而非实际光学系统。

1.9.8　衍射极限倍数

衍射极限倍数（times the diffraction limit）并没有一个完整的定义。教科书上常引用的作为衍射极限的值为 $1\lambda/D$ 或 $1.22\lambda/D$，其本身就是用于区分一个远处点光源或两个远处点光源的任意标准。如前文所证明的，近场呈方形平顶分布的光束，其远场分布为第一暗环位置在 $1\lambda/D$ 的 sinc 函数分布；近场圆形平顶光束在远场形成的埃里斑的第一暗环位置在 $1.22\lambda/D$；高斯光束传播过程中，$1/e^2$ 点的半宽度为 $0.64\lambda/D$。并不存在一个特定的 λ/D 值作为衍射极限。每种光束的传播特性都不相同，所选取的光束轮廓的截止点也不同。

衍射极限倍数通常是光束半径的比值，所包含功率的比值，或者光束面积的比值，也可以是一般光束质量参数的变体。使用光束半径而非二阶矩定义的 M^2 就是一个例子。

关于衍射极限倍数有一个值得注意的例子（Ross 和 Latham，2006）。一个用 50%透过率的方形挡板产生的 5 cm 方形空心光斑。采用傅里叶传播法，计算其远场光斑。通过一些看似合理的定义，对近场及远场半径进行了计算。表 1.5 给出了一些衍射极限倍数的数值，例如 $(W_{ff}/W_g, ff)^2$，这些数值是光束的远场半径与参考光束的比值，其中选取与其光束半径相同的高斯光束作为参考光束。近场光束半径定义选取如下：

（1）$C_{00}\,\text{max}$：在模式分解中，使零阶模系数最大的光束半径。

（2）最大模式极值（largest-mode maximum）：在模式分解中使得各个模式的系数都最大的光束半径。

（3）物理孔径：在计算光束时，光束在近场通过的孔径的尺寸。

（4）二阶矩半径。

表 1.5 "衍射极限倍数" 研究（Ross 和 Latham，2006）中的示例

物理量	W_{ff}	$C_{00}\,\text{max}$	最大模式极值	物理孔径	二阶矩半径
W_{nf}	—	3.58 cm	2.01 cm	2.5 cm	4.47 cm
$C_{00}\,\text{max}$	2.84 cm	1	0.32	0.49	1.56
最大模式极值	5.05 cm	3.16	1	1.54	5.0
二阶矩半径	5.37 cm	3.57	1.12	1.75	5.55
中心亮斑半径	3.03 cm	1.14	0.36	0.56	1.79

表 1.5 包含了一个额外的远场光束半径定义：中心亮斑半径。表 1.5 中所列的衍射极限倍数值为 0.32 ~ 5.55。问题的关键在于，如果可以任意选取光束半径的定义，那么任何值都是可能的。每隔数年，都会由光学厂商宣称一款望远镜、相机、激光或者其他设备已经超越了衍射极限。这不是因为物理学的革新，而只是因为选取了另一组适宜的光束半径指标。

表 1.5 中，5.55 这个数值是较为准确的，因为其近场及远场半径都是采用二阶矩半径，这个数值可能恰好等于 M^2，但在这里并不相等。任何在近场有硬边截断的光束在远场的二阶矩都为无穷大，意味着 M^2 也是无穷大。任何实验或者傅里叶计算过程都是截取了衍射变换图样的一部分，因此无法测量到无穷大的 M^2。实际计算或测量得到的数值有多大，取决

于在傅里叶传播中所选取的函数阵列的尺寸,或是相机系统的分辨率及光通量。表 1.5 中计算使用的是 512×512 的阵列。如果使用 1024×1024 的阵列进行计算,那么得到的 M^2 将会不同。

6.2 节中的另一个例子说明,基于不同的光束半径定义,衍射极限倍数将在一个非常大的范围内变化。对于读者而言,衍射极限倍数意味着信息的不足。因此衍射极限倍数也不应该用在合同签订中或者作为精确的技术指标。

1.9.9 总结:各个指标的作用

本节将对每个常见的光束质量指标所解决的问题进行简短的总结。如果读者没有找到应对相关问题的标准指标,那么就需要设计一个新的指标(见第 3 章)。

M^2:(1) 给定光束的高斯模式阶数是几阶?

M^2:(2) 二阶矩发散角及光束半径乘积与 TEM_{00} 模式比较如何?

横向桶中功率:光束发散角与参考光束比较如何?

纵向桶中功率:在指定圆形区域内的总功率与参考光束比较如何?

Strehl 比:受扰动光源的峰值功率与未扰动光源比较如何?

波前畸变:一个单模的波前与参考波前相差多少?

中心亮斑功率:中心亮斑功率占总远场功率的比值是多少?

光束参数积:光斑尺寸与发散角的乘积与高斯光束相比如何?

亮度:功率与光源及目标面积的比值是多少?

衍射极限倍数:光束与参考光束在某些特定的方面相比如何?

第 2 章

如何搭建 M^2 测量设备

在 1998 年，作者曾用商用光束质量分析仪来测量一个光学参量振荡器的光束质量。参照厂商的使用说明，对光束质量分析仪进行校准之后，M^2 的值显示为 1.4 或 7，有时即使系统没有发生明显的变化，M^2 也会在两个值之间随机波动。对于这种情况，用户手册也无法提供说明；每当涉及重要问题时，真相往往被 "专利" 所掩盖。于是作者决定将这个光束质量分析仪放到一边，建立自己的光束质量分析仪。在配备了视频采集卡、运动控制平台、数码相机及控制软件之后，这个简易的自制光束质量分析仪便初步成型，利用相机或前面放置有刀口的大面积热释电探测器，均可对 M^2 进行自动测量。在这过程中，作者几乎犯了所有可能的错误，也尝试了许多测量 M^2 的错误方法，直到最终掌握了较好的、可重复的和有源可溯的方法。这一章便是这个过程的经验总结。作者根据国际标准化组织 ISO 发布的 11146：1999 文件对 M^2 因子测量方法的标准，建立光束质量分析仪。截至 2005 年，这个标准又更新了三次，分别为 ISO 11146-1：2005 与 ISO 11146-2：2005 及 ISO 11146-3：2004。

本章的目的是将 M^2 自动化测量设备的相关问题，告知潜在的商用光束质量分析仪的购买者，并向那些想要自己搭建光束质量分析仪的人介绍一些技巧。

2.1　购买商用光束质量分析仪的准备事项

无论想利用商用光束质量分析仪进行何种测量，作为一个明智的消费者都要考虑以下五个基本原则：

（1）如果你愿意花几千美元购买光束质量分析仪进行 M^2 测量，那么请一并购买一份 ISO 11146 国际标准文件，该文件详述了如何进行 M^2 的测量。目前 ISO 11146-1：2005 应该可以满足大部分需求。

（2）购买一些能够对光束质量分析仪的原始数据进行检查或导出的产品，以便能够使用这些数据对光束质量进行计算。如果光束质量分析仪是基于相机的，那么就需要能够获取相机的原始数据 —— 与像素位置相关的整数序列。如果光束质量分析仪是基于刀口或滑动狭缝的，那么就需要获取与位置相关的功率数据。如果光束质量分析仪是基于旋转分划板的，那么就需要获取与角度、透镜位置以及分划板旋转速度相关的功率数据。

（3）购买估计测量误差的产品，并公开确认和量化误差来源。ISO 标准对于所有测量方式都需要测量平均值和标准差。

（4）对于一些不是基于相机且声称符合 ISO 标准的 M^2 测量方法，尤其需要小心。ISO 标准用了长达 40 页叙述如何使用数字相机对 M^2 进行测量，但是只用了一页来描述如何使用刀口法对其进行测量。ISO 11146-3：2004 文件的替代方法附录（ISO 11146-3：2004 Alternate Methods appendix）第 4 章中也有免责声明，指出这些方法并不对所有情况适用。

（5）确保知晓商用仪器如何处理暗电流噪声。对于任何基于二阶矩的参数测量，其暗电流噪声的二阶矩之和必须为零。这可以通过软件或者调整相机的增益偏置来实现。同时，由于可能使用特定噪声校准程序，一些测量设备可能只能使用特定的相机。

2.2 相关资源

如下资源对购买或构建光束质量分析仪具有较高的价值：

（1）ISO 11146 标准。11146：1999 标准现已更新，现在已经有三个标准用于描述基于二阶矩的光束测量方法：

①11146-1：2005，描述了基于相机的圆形及椭圆形截面光束的测量方法（简单像散光束）。

②ISO 11146-2005 及 ISO 11146-3：2004，描述了椭圆截面且其轴线随光束传播变化的光束测量方法（一般像散光束）。

③ISO 11146-3：2004 第 4 章，描述了基于非相机的光束半径测量方法。

（2）由 Siegman、Sasnett、Ross 以及其他人撰写的公开科技文献，见参考文献。

（3）由光束分析仪供应商提供的销售说明书。

2.2.1 光束质量 ISO 标准总结

总部设在瑞士日内瓦的国际标准化组织发布了关于众多技术领域的标准，其中包括如何对 M^2 进行测量。

ISO 是一个来自欧洲的组织，因此其在关于标准化文件中使用的符号与美国教科书和科技期刊里使用的符号略有不同。例如，ISO 用符号 E 来表示辐照度，而符号 E 在大部分美国文献中代表电场。ISO 用光束直径 d_σ 和全角 Θ_σ 来表示光束传播方程中的参量，而本书将采用光束半径和半角来表示光束传播方程中的参量。附录中的 A.2 节详细地介绍了 ISO 符号体系和更为常用的美国英语技术符号体系之间的对应关系。

11146-1：2005 号文件包含了截面形状为圆或椭圆形，且形状不随距离变化的光束的束宽、发散角、M^2 定义标准和测试实验过程标准。如果按照该文件规定的方法使用相机，而不采用其他替代方法如刀口、扫描狭缝或可变光圈进行光束质量测量，该文档是一个独立的文件，具有完整的说明及规定。除了以下两点不同以外，该标准在功能上与较早的 ISO 11146：1999 相同：

（1）光束质量测量的替代方法移至 ISO 111146-3：2004 文件。

（2）规定了矩形的数据窗口的尺寸为三倍的光束半径。

ISO 规定关于光束质量 M^2 因子测量的四个基本步骤如下：

（1）至少测试光轴上远场和焦点附近 10 个位置的二阶矩半径。

（2）根据瑞利距离、焦点位置和 M^2 因子拟合传播方程。

（3）记录光束直径、方位角（如果光束横截面为椭圆形）、发散角、束腰位置、束腰直径、瑞利距离、远场发散角和 M^2 因子。

（4）给出测量值的平均值和标准差。

ISO 11146-2：2005 中包含了截面形状为椭圆且椭圆方位角随传播距离变化的光束的束宽、发散角及二阶矩。ISO 11146-3：2004 采用 Wigner 分布对这些量进行了定义，但是文件中并未对 Wigner 分布进行描述。关于 Wigner 分布，可参考 1994 年的一本德语教科书以及一些相关会议记录。因此这份标准并非独立文件，而需要对 Wigner 分布的使用及推导具备一定的专业知识。作者认为，该标准不是必要的：高斯光束并不表现出椭圆截面方位角随传播距离改变的特征，因此没有必要测量其光束质量 M^2 因子。

ISO 发布的 11146-3：2004 号文件是一个补充标准，该文件包含有关 Wigner 分布的使用（但不是计算或测量）的附加信息以及关于背景噪声校正的一些一般准则。该标准的最后几页专门用于列出测量光束宽度的可替代方法，即可变光阑法、移动刀口法和移动狭缝法。这些方法均是基于"两点"法来计算束宽，这些方法得出的结果可能与二阶矩半径并不相等。标准（ISO，2004，13 页）声明：

> "二阶矩直径和基于替代法定义的直径之间的关系，强烈依赖于光束功率密度分布的形状。"

这基本上就说明，除非是测量一个近乎完美的高斯光束，否则采用替代方法无法测量光束二阶矩。在 2.8 节中将详细探讨刀口法与二阶矩的关系。

2.3 仪器设备

2.3.1 相机的选择

可以选择 CCD 相机或者带电荷注入装置（CID）的相机进行光束质量测量，目前可选用的有 8 ～ 20 位分辨率、阵列尺寸达 1 百万至 2 百万像素、像素尺寸在 4 ～ 12 μm 之间的相机，这样可以保证即使在室温条件下也能保持低噪声。采用硅基探测器的相机，可以测量可见光到 1.1 μm 的波段的光束。由于 M^2 的测量是基于光束二阶矩半径的测量，而噪声对其影响极大，所以在噪声抑制和调零方面有严格要求的相机才是较好的相机。如果使用的是高质量相机但是实验技术不好，通常会导致 M^2 测量值过小。

针对在硅基 CCD 相机波长响应范围之外的光束，常使用数字热释电相机，即热释电探测器的像素阵列。与硅基 CCD 相机相比，这种相机虽具有更宽的波长响应范围（从可见光到 12 μm 波段），但其像素尺寸较大（高达 125 μm），积分时间较长，而且成本更高。数字中红外热像仪可以用于此范围，但使用过程中可能需要冷却，而且要关掉自动增益和伪彩色功能。

刀口法、扫描狭缝法和可变孔径法（ISO 规定的三种测量光束半径的替代方法）最好与大面阵热释电探测器配合使用。这种探测器具有较宽的波长灵敏度，成本低，但是积分时间较长。

无论使用何种相机或探测器，最重要的是保证所有的自动增益或噪声补偿功能都不存在或处于关闭状态。因为它们会改变数据甚至使结果无效。为了补偿热释电探测器较长的积分时间，有些厂商加入了外推算法来得到一个预期值。此功能必须关闭或者减慢实验速度，以确保仪器上看到的是一个实际值，而不是一个外推值。

2.3.2　平移台的权衡

控制平台的长短必须根据光束质量分析仪的运动控制元件进行选择。长平移台可以实现较长、较宽的会聚范围，其瑞利距离可达几厘米甚至更长。短平移台则需要短且狭窄的会聚范围，其瑞利距离为 1 cm 或更小量级。表 2.1 中分别列出了不同长度平移台的优缺点。

长度为 1 m 且控制精度至几微米的运动控制平台，其成本显著高于典型的 2 英寸[①] 千分尺驱动的运动控制平台。两者都可以进行可靠的测量，但各有优缺点。

表 2.1　长平移台与短平移台对比

平移台	图示	优缺点
短平移台		（1）紧聚焦； （2）短平移台； （3）对平移精度有较高的要求； （4）信噪比变化较大； （5）需要较小的像素单元尺寸
长平移台		（1）松聚焦； （2）长平移台； （3）焦点位置不易确定； （4）信噪比变化较小； （5）允许较大的像素单元尺寸或经过像元筛选的相机

---

① 1 英寸 = 2.54 cm。

　　两种平移台各有优缺点。M^2 测量中的一个重要噪声来源是光束焦点附近光斑离散化导致的误差，这种误差直接受到平移台长度的影响。对于一个 25 μm 的焦斑，光束的主要部分可能只能覆盖 10 个左右的像素单元，而一个较大的光斑可能可以覆盖数千个像素单元，如图 2.1 所示。M^2 的测量既包括对腰斑的测量，也包括对远场发散角的测量（式（1.30））。腰斑越大，所能适应的像素单元就越大，如中红外测量中使用的热点探测阵列中的 85 mm 像素单元。测量的一个较好标准是至少应有 10^2 个像素单元处于光斑的 $1/e^2$ 范围之内。

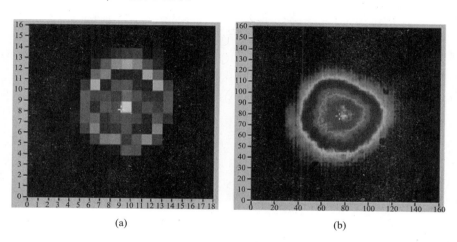

图 2.1　数字化的小光斑（a）及大光斑（b）

2.3.3　滤光片

　　相机中的暗电流噪声与信号相互独立，因此相机上信号峰值功率的变化，可能导致二阶矩半径值的变化。如图 2.2（a）至图 2.2（e）所示，计算所得的二阶矩半径值强烈依赖于相机的饱和度。

　　采用相机进行激光光束质量测量时，最好使用工作在接近饱和状态的相机测量激光束的光束半径（二阶矩）。在测量过程中，必须使用滤光片使相机工作在接近饱和的状态。在使用滤光片的过程中，激光束准直区内滤光片的位置可以变化，聚焦区段内滤光片的位置必须保持固定，如图 2.3所示。

　　激光束传播过程中，每经过一个滤光片都伴随一个 $n \times d$ 的光程。由于激光束在聚焦区域内弯曲而不准直，当改变了聚焦区域内的滤光片位置

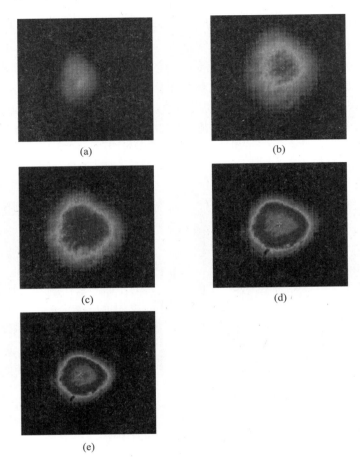

(a)

(b)

(c)

(d)

(e)

图 2.2 二阶矩半径计算值与相机饱和度关系

（a）峰值相机饱和度：58/256 = 23%；光束半径计算值：0.427 mm。（b）峰值相机饱和度：76/256 = 30%；光束半径计算值：0.325 mm。（c）峰值相机饱和度：101/256 = 39%；光束半径计算值：0.391 mm。（d）峰值相机饱和度：210/256 = 82%；光束半径计算值：0.363 mm。（e）峰值相机饱和度：250/256 = 98%；光束半径计算值：0.311 mm。

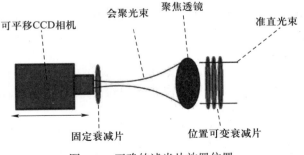

图 2.3 正确的滤光片放置位置

时，便改变了光束在滤光片中的光程，最终导致光束聚焦位置的变化，进而影响光束半径（二阶矩）的测量结果。如图 2.4 所示，图中表示出了在聚焦区段内，X 方向光束半径、Y 方向光束半径和圆光束半径 R 随滤光片位置的变化情况。在更换不同的滤光片时，会出现测量数据的间断。在使用滤光片转盘或者反向旋转棱镜对光束进行衰减时便会发生上述情况。所以这些装置需要放置在光束的准直区段来避免这种情况的发生。

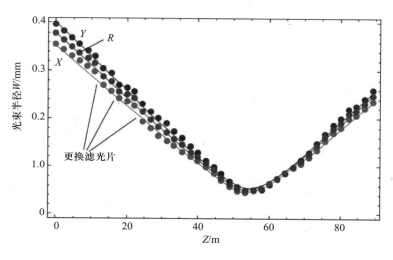

图 2.4 滤光片位置不当对测试结果的影响

2.4 暗电流噪声及调零

基于二阶矩测量方法的噪声补偿，有一项特殊的要求，即仅使噪声的均值为零是不够的。

为了使噪声对测量的影响最小，必须令噪声的二阶矩均值为零。首先，通过测量，使光束对准相机并计算质心。然后挡住被测光束，保留所有过滤杂散光所需滤光片，并计算相机数据窗口（见 2.5 节）区域内的噪声二阶矩值。数字相机中单个像素单元的返回值范围为 $0 \sim 2^n - 1$，其中 n 为相机的位分辨率。为使噪声二阶矩最小，需取一个虚拟"零"值。

图 2.5 所示为使用 Mathematica® 软件模拟生成的 CCD 暗电流图像。假定光束中心点为 $(50, 50)$，在 100×100 的网格内生成均值为 20、标准差为 5 的噪声图像。如图 2.5 所示图像的实际均值为 20.1424，实际标准

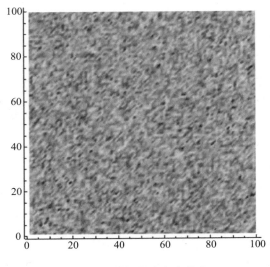

图 2.5 模拟的暗电流噪声

差为 5.006。以 (50, 50) 为中心,以虚拟 "零" 值为零点计算得到的二阶矩值可表示为

$$w^2 = 2\sum_{i,j}(x_i - \bar{x})^2(\hat{I}_{ij} - Z) \tag{2.1}$$

式中:x_i 为第 i 个像素单元的位置;$\bar{x}$ 为 x 方向中心;$\hat{I}_{ij}$ 为相机中 (i, j) 处像素单元的返回值;Z 为虚拟 "零" 值。计算结果见图 2.6,当虚拟 "零" 值接近噪声均值 20 时,所得的二阶矩值最小。在本模拟中,最优值为

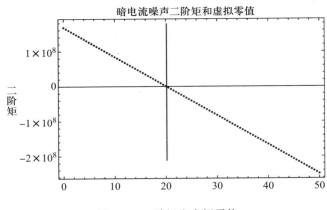

图 2.6 二阶矩和虚拟零值

20.1325，稍偏离噪声均值。在实际测量中，由于相机质量有所不同，这种噪声均值与最优值偏差能够导致一系列二阶矩测量过程中的数个百分点的附加误差。暗电流噪声是随时间变化的，因此最好经常对测试装置进行重新校准。ISO 标准要求对其进行噪声补偿，但并未对补偿方法做出标准定义。

2.5 数据窗口

如第 1 章式（1.27）所述，光束二阶矩半径为

$$w_x^2 = 2\frac{\iint (x-\bar{x})^2 I(x,y)\mathrm{d}x\mathrm{d}y}{\iint I(x,y)\mathrm{d}x\mathrm{d}y}, \quad w^2 = w_x^2 + w_y^2$$

即辐照度与质心距离平方乘积的加权平均值。这意味着与处于光束中心相比，远离光束中心位置的带有较少能量的噪声、杂散光、鬼像等对光束半径的测量结果影响更大。存在于整个 CCD 阵列上的暗电流噪声权值的比重随着距离光束中心距离的增大而增大。假设在一个具有无限大孔径的相机中，没有虚拟"零"点，由于暗电流的存在，测得的二阶矩半径通常是无穷大的。

均值（一阶矩）和二阶矩计算的积分形式必须根据相机的测量值转换为离散值的求和的形式，使得等式（1.27）变为

$$x_i = x_0 + i*\Delta x, \quad y_j = y_0 + j*\Delta y$$

$$\bar{x} = \frac{\sum_{i,j=0}^{N} x_i I(x_i,y_j)}{\sum_{i,j=0}^{N} I(x_i,y_j)}, \quad \bar{y} = \frac{\sum_{i,j=0}^{N} y_i I(x_i,y_j)}{\sum_{i,j=0}^{N} I(x_i,y_j)}$$

$$\omega_x^2 = 2\frac{\sum_{i,j}(x_i-\bar{x})^2 I(x_i,y_j)}{\sum_{i,j} I(x_i,y_j)} \tag{2.2}$$

$$\omega_y^2 = 2\frac{\sum_{i,j}(y_j-\bar{y})^2 I(x_i,y_j)}{\sum_{i,j} I(x_i,y_j)}$$

$$\omega^2 = \omega_x^2 + \omega_y^2$$

那么重要的问题是"取多大范围内的 x_i 和 y_i 来求和呢？"在 ISO 11146：1999 中没有规定任何的选取数据窗口的过程。在 ISO 11146-1：2005 中规定了一个在每个维度上都等于三倍光束直径的矩形窗口。这是一个完全合理却又完全任意的数据窗口。下面介绍一种基于光束特性和测量装置来确定数据窗口的方法。首先要注意的是所有数据窗口的确定必须基于光束半径，而这个光束半径正是我们试图得到的值。因此，所有光束二阶矩半径的测量结果间接取决于由其他方法估计得到的光束半径。

在 ISO 11146-1：2005 中规定了这样一个迭代过程，由非二次矩法得到光束半径的初始估值，并基于该数值构建数据窗口，然后使用二阶矩法测量值来构建数据窗口，再进行三次迭代。在最新标准发布之前，作者便是如此尝试的。但由于所使用相机的噪声过大，产生了一个要么不断扩大，要么不断收缩的数据窗口，导致整个测试过程失败。作者的系统采用的是噪声等效孔径（NEA）和单次二阶矩测量方法，该方法将会在 2.5.1 节继续描述。

2.5.1 噪声等效孔径

噪声等效孔径是仅包括重要数据和最小外来噪声的数据窗口半径。因为二阶矩受诸如噪声等外部信息的加权影响很大，所以理想的二阶矩测量是仅包含相关数据和尽可能小的噪声的测量。假设有一个 8 位（色彩位）相机，每个像素会返回一个从 0 到 $2^8 - 1 = 255$ 的值。如果没有暗电流噪声，那么任何返回值小于 1 的光信号将不包括在数据中，因为它返回的值为 0。即当光束的中心像素值为饱和值 255 时，则该光束中辐照度小于峰值的 1/255 的部分，将被认为其辐照度为零。然而在实际中，相机是必然具有暗电流噪声的，它表现为一个有效的背景噪声 n_B，它的存在降低了相机的有效对比度。此外，光束的中心也不会使相机完全饱和，会有一个像素值的峰值 n_P。假设背景噪声 $n_B = 50$ 且峰值像素值 $n_P = 250$，则该系统的有效对比度为 $n_P - n_B = 200：1$，如图 2.7 所示。我们尝试测量一个高斯集合的宽度，所以可以把窗口设定为一个特定的范围，使得在窗口边界上的强度为高斯包络峰值强度的 1/200，称这个窗口半径为噪声等效孔径。

NEA 可以设置为断面为 1/contrast 的高斯辐照度，从而有

$$e^{-2\frac{\text{NEA}^2}{w^2}} = \frac{1}{\text{contrast}}$$
$$\text{NEA} = w\sqrt{\ln[\text{constrast}]}$$

(2.3)

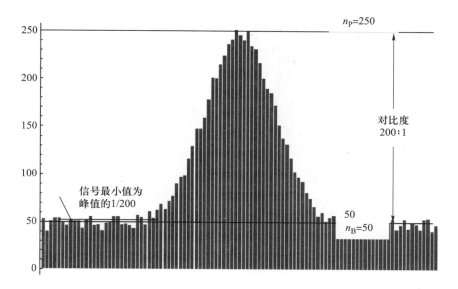

图 2.7   取自 CCD 相机数据的直方图, 给出了 NEA 对比度及基座的例子

当选取对比度为 1/200 时, NEA 值为 $w\sqrt{\ln[200]} = 2.3w$, 其半径为高斯光束半径的 2.3 倍。与 ISO 标准建议的三倍光束直径矩形窗口不同, 这种设定数据窗口的方法与探测系统的特性有直接关系。对于三倍光束直径法, 暂不考虑在圆形或椭圆形光束中使用的矩形窗口, 在使用任何相机对数据进行写入时, 都包含有太多的无用数据。对于一个没有噪声的 26 位相机而言, 三倍直径法确定的 NEA 较为合适, 其对比度能够达到 e^{18} 约六千六百万比一。值得注意的是, 示例中的方法只适用于高斯光束。每一种其他光束计算 NEA 时所使用的公式均不相同。

2.5.2   数据窗口引入的误差项

理想的情况是, 二阶矩的测量对数据窗口不敏感, 但实际情况并非如此。使用各种数据窗口, 在图 2.8 中对光束二阶矩半径进行一系列计算, 如图 2.9 所示。系统的准确 NEA 值是 2.3 倍的光束半径, 远离曲线上 $1.5 \sim 1.75$ 倍光束半径的平坦点。在 NEA 的准确值附近, 曲线斜率较大, 这表明了数据窗口的微小误差在光束二阶矩半径的计算结果中产生了一定影响。数据窗口影响 M^2 测量的两个误差来源: 数据中存在的噪声和选择数据窗口本身存在的误差。

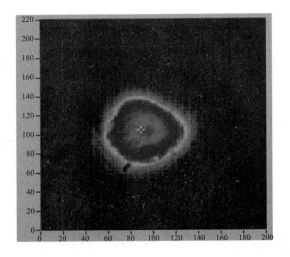

图 2.8　样本噪声高斯辐射分布（伪灰度级）

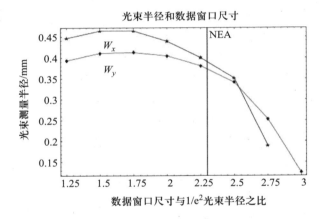

图 2.9　二阶矩半径计算与数据窗口之间的关系

2.6　曲线拟合

ISO 规定需将数据拟合为双曲线方程，并将该方程归纳（归纳过程详见附录 A.2.1）为经验方程（6.10），即下述方程：

$$W^2[z] = W^2[0] \left(1 + (z - z_0)^2 \left(\frac{M^2\lambda}{\pi W^2[0]}\right)^2\right) \tag{2.4}$$

ISO 标准中并没有规定拟合过程是如何完成的，只是建议与测量方差成反比的数据加权，以及给出了一个关于拟合曲线的声明，该曲线使得数据与拟合函数之间的方差最小。

关于拟合有以下四个问题需要解决：

（1）使用什么算法？

（2）如何加权数据点？

（3）以什么顺序来拟合参数？

（4）如何确定初始值？

作者的系统中采用的是 Mathematica 中的 NonlinearFit 函数，使用 Levandt-Marquet 多维曲线拟合的算法对数据进行拟合。所有的曲线拟合算法都会受到噪声的影响，可能产生局部极大值而非绝对最大值，而且初始值的设置需在程序收敛所得正确答案的附近范围内。下面示例中使用光束半径的最小值及其位置作为 $W[0]$ 和 z_0 的初始值，M^2 的初始值则设置为 1。

曲线拟合过程按照下述三步进行：

（1）对全部三个参数（z_0，$W[0]$，M^2）进行未加权拟合。z_0 的拟合值作为最终值，$W[0]$ 和 M^2 的拟合值作为下一步的初始值。

（2）用侧重束腰附近的数据点的算法对 $W[0]$ 和 M^2 进行加权拟合。$W[0]$ 的拟合值作为最终值，M^2 的拟合值作为下一步的初始值。

（3）对 M^2 进行未加权拟合。

上面这种特定的方法，只是提供一个参考，并不是曲线拟合的唯一正确方法。

在这里，不应该排除和低估有机曲线拟合的方法。人类的视觉系统实际上擅长观察平均值或一种趋势。如果用户能通过调整 z_0、$W[0]$ 和 M^2 的值来调整程序，并与实验数据进行对比，那么这个程序肯定要优于数字程序，尤其是针对有噪声的或其他干扰的数据。图 2.10 显示的例子就是针对噪声很大的数据进行的自动曲线拟合，可以看到效果很差，返回的 M^2 值小于 1。如图 2.11 所示，有机（"眼球"）曲线拟合的效果更好，且并没有违反任何光学物理的基本原理。

噪声数据来源于未知原因引起的激光波动，其原因很有可能是由于空调等引起的温度的周期性变化。

这是需要商业激光器向用户提供原始的、未经处理的数据的另一个原因。由于缺少能够独立处理数据及进行有机的拟合的能力，自动化的 M^2 测量设备只能对理想的低噪声数据进行处理，从而迫使使用者调整激光来适应测量仪器，而不是仪器适应所测量的激光。

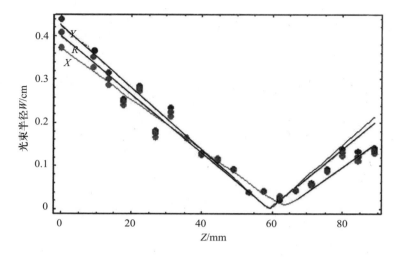

图 2.10 对波动数据的较差的曲线拟合

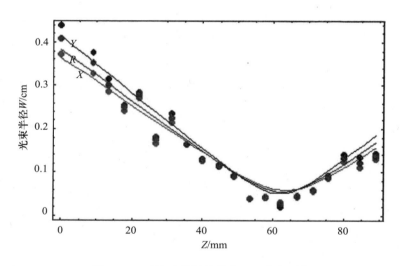

图 2.11 对波动数据的较合适的曲线拟合

自动化的曲线拟合能够对平滑的、高质量的数据进行较好的拟合，如图 2.12 所示。图 2.10 至图 2.12 使用的是相同的激光。较差的自动拟合给出的 M^2 值为 0.04，而在同样较差的数据上，较合适的拟合给出的 M^2 值为 1，但是具有较大的误差线。对较平滑的数据，自动拟合给出的 M^2 值为 1.25，同时具有较小的误差线。

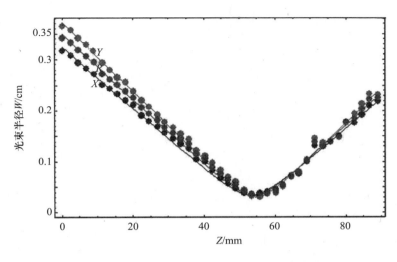

图 2.12   根据优质数据获得的良好的拟合曲线

2.7 M^2 测量结果的误差估计

进行误差估计最简单的方法，即对二阶矩和光束中心进行多次测量，进而获得测量结果的平均值和标准偏差。根据经验，一般需要进行 20 次测量。在束腰位置二阶矩测量的误差线用 $w[0]$ 表示，光束束腰、远场半径以及束腰位置 (z_0) 测量值的联合误差为 Θ。通过这些误差建立式 (1.30) 的误差。如果 $\Delta[x]$ 代表测量 x 值的误差，对于微小误差以下等式成立：

$$\Delta[M^2] = \Delta[w] + \Delta[\Theta]$$
$$\Delta[\Theta] = \Delta[W_{\mathrm{ff}}] + \Delta[w_0] + \Delta[z_0]$$

(2.5)

2.7.1   误差估计

如果不希望对每个光束半径进行多次测量，则可以通过本节中的公式来估计误差。值得注意的是，假设有三个给定的方程适合于作者的测试系统，但使用这种方法，需要对公式进行重新推导。本章还将指出前文所提到的各种不确定性来源产生的根源和对测试结果产生的综合效果。

M^2 因子测量值的总方差是每个二阶矩半径测量值方差的加权和，即

$$\sigma_{M^2}^2 = \frac{1}{N} \sum_{i=1}^{N} \sigma_{\mathrm{beam},i}^2$$

(2.6)

影响二阶矩半径测量的主要因素有离散化误差、暗电流噪声和激光波动。此外，NEA 的估计误差也会整体增加离散化误差和暗电流噪声，如下式所示：

$$\sigma_{\text{beam}}^2 = \sigma_{\text{discretization}}^2 + \sigma_{\text{dark-beam}}^2 + \sigma_{\text{NEA-disc}}^2 + \sigma_{\text{NEA-dark}}^2 + \sigma_{\text{laser}}^2 \quad (2.7)$$

其中，由于激光器的波动产生的方差 σ_{laser}^2 必须直接测量，其他各个方差分量可以从更基本的参数计算获得。经过以上的所有推导，式 (2.7) 可以写为

$$\sigma_{\text{beam}}^2 = \frac{A_{\text{pixel}}}{2\pi\text{NEA}^2} \ln[\text{contrast}] \left(\frac{1}{\text{contrast}} + \sigma_{\text{dark-pixel}}^2 \right) \left(1 + \frac{2\Delta\text{NEA}}{\text{NEA}} \right) + \sigma_{\text{laser}}^2$$
$$(2.8)$$

式中：A_{pixel} 是单个像素的面积；ΔNEA 是由于滤光片不连续性和非二阶矩估计方法所导致的 NEA 估计误差；contrast 是相机的对比度；$\sigma_{\text{dark-pixel}}^2$ 是单个像素的暗电流噪声。式 (2.8) 的推导过程及式 (2.7) 中的各项将在下文中阐述。

2.7.2 离散误差引起的二阶矩半径方差

二阶矩半径的测量误差包括由于离散化引起的误差，即由 CCD 相机对连续数据进行离散采样所引起的误差。对于径向对称的光束，如果不存在任何种类的离散误差，则二阶矩半径遵循下式：

$$\begin{aligned}
\omega^2 &= 2\frac{\displaystyle\iint_{0,0}^{2\pi,\infty} x^2 I[r] r \mathrm{d}r \mathrm{d}\theta}{\displaystyle\iint_{0,0}^{2\pi,\infty} I[r] r \mathrm{d}r \mathrm{d}\theta} \\
&= 2\frac{\displaystyle\iint_{0,0}^{2\pi,\text{NEA}} x^2 I[r] r \mathrm{d}r \mathrm{d}\theta}{\displaystyle\iint_{0,0}^{2\pi,\text{NEA}} I[r] r \mathrm{d}r \mathrm{d}\theta} \\
&= 2\iint_{0,0}^{2\pi,\text{NEA}} x^2 \hat{I}[r] r \mathrm{d}r \mathrm{d}\theta \quad (2.9)
\end{aligned}$$

式中：理论极限 ∞ 用 NEA 代替；$\hat{I}[r]$ 代表归一化且无噪声的光强。在这个理想的光强条件下，每个像素仍然具有值为 1/contrast 的离散噪声。当把这些噪声代入二阶矩积分计算时，需要按照像素数 N_{pixels} 和积分面

积 $\pi\mathrm{NEA}^2$ 进行归一化,使所有像素的噪声积分相加等于 $1/\mathrm{contrast}$。如式 (2.10),并导出了离散方差如式 (2.11)。另一种归一化的方法是,当 $\hat{I}[r]$ 离散化时,表示的是单位面积、单位像素单元上的能量。这样得出的归一化噪声使用的是同样的因子,使得式 (2.10) 中积分内的噪声项为单位面积、单位像素单元上的能量的误差:

$$
\begin{aligned}
&w^2(1 + \sigma_{\mathrm{discretization}}^2) \\
&= 2 \iint_{0,0}^{2\pi,\mathrm{NEA}} x^2 \left(\hat{I}[r] + \frac{1}{\mathrm{contrast}\, N_{\mathrm{pixels}} \pi \mathrm{NEA}^2} \right) r \mathrm{d}r \mathrm{d}\theta \\
&= w^2 + 22 \iint_{0,0}^{2\pi,\mathrm{NEA}} (r\cos[\theta])^2 \left(\frac{1}{\mathrm{contrast}\, N_{\mathrm{pixels}} \pi \mathrm{NEA}^2} \right) r \mathrm{d}r \mathrm{d}\theta
\end{aligned} \tag{2.10}
$$

$$
\begin{aligned}
w^2(1 + \sigma_{\mathrm{discretization}}^2) &= w^2 + \frac{\mathrm{NEA}^2}{2\mathrm{contrast}\, N_{\mathrm{pixels}}} \\
\sigma_{\mathrm{discretization}}^2 &= \frac{\mathrm{NEA}^2}{2w^2\mathrm{contrast}\, N_{\mathrm{pixels}}}
\end{aligned} \tag{2.11}
$$

注意使用单个像素面积时,能够将积分区域拆分,从而通过几何方法计算出像素数,如式 (2.12) 所示。另一个有用公式为 2.5.1 节中对于 NEA 的定义:

$$
\mathrm{NEA} = w\sqrt{\ln[\mathrm{contrast}]} \tag{2.3}
$$

$$
N_{\mathrm{pixels}} = \frac{\pi\mathrm{NEA}^2}{A_{\mathrm{pixel}}} \tag{2.12}
$$

使用这些公式变形,由式 (2.11) 可得到

$$
\begin{aligned}
\sigma_{\mathrm{discretization}}^2 &= \frac{\mathrm{NEA}^2}{2w^2\mathrm{contrast}\, N_{\mathrm{pixels}}} = \frac{A_{\mathrm{pixels}}}{2\pi w^2\mathrm{contrast}} \\
&= \frac{\ln[\mathrm{contrast}]}{2\mathrm{contrast}\, N_{\mathrm{pixels}}}
\end{aligned} \tag{2.13}
$$

2.7.3 暗电流噪声引起的二阶矩半径方差

暗电流噪声同样出现在每一个像素单元上。每个像素单元上的暗电流噪声方差为 $\sigma_{\mathrm{dark\text{-}pixel}}^2$,使用像素数 N_{pixels} 及像素积分区域 $\pi\mathrm{NEA}^2$,能够计算出二阶矩积分,进而计算出二阶矩测量中的暗电流噪声均方差 $\sigma_{\mathrm{dark\text{-}beam}}^2$,如式 (2.14) 所示,推导到式 (2.15)。单位像素、单位面积上的噪声归一化与 $\hat{I}[r]$ 的归一化相同,使得单位像素、单位面积上的能量与其

能量误差一起被积分：

$$w^2(1+\sigma_{\text{dark-beam}}^2) = 2\iint_{0,0}^{2\pi,\text{NEA}} x^2\left(\hat{I}[r] + \frac{\sigma_{\text{dark-pixel}}^2}{N_{\text{pixels}}\pi\text{NEA}^2}\right)r\mathrm{d}r\mathrm{d}\theta$$

$$= w^2 + 2\iint_{0,0}^{2\pi,\text{NEA}} x^2\frac{\sigma_{\text{dark-pixel}}^2}{N_{\text{pixels}}\pi\text{NEA}^2}r\mathrm{d}r\mathrm{d}\theta$$

$$= w^2 + 2\iint_{0,0}^{2\pi,\text{NEA}} (r\cos[\theta])^2\frac{\sigma_{\text{dark-pixel}}^2}{N_{\text{pixels}}\pi\text{NEA}^2}r\mathrm{d}r\mathrm{d}\theta \quad (2.14)$$

$$w^2(1+\sigma_{\text{dark-beam}}^2) = w^2 + \frac{\text{NEA}^2\sigma_{\text{dark-pixel}}^2}{2N_{\text{pixels}}} \quad (2.15)$$

$$\sigma_{\text{dark-beam}}^2 = \frac{\text{NEA}^2\sigma_{\text{dark-pixel}}^2}{2w^2 N_{\text{pixels}}}$$

利用式（2.3）和式（2.13）中的像素数和 NEA 值的关系，式（2.15）可以写为

$$\sigma_{\text{dark-beam}}^2 = \frac{\text{NEA}^2\sigma_{\text{dark-pixel}}^2}{2w^2 N_{\text{pixels}}}$$

$$= \left(\frac{A_{\text{pixel}}}{2\pi\text{NEA}^2}\right)\ln[\text{contrast}]\sigma_{\text{dark-pixel}}^2 \quad (2.16)$$

2.7.4 NEA 估计误差

相机使用一系列的滤光片，可以使相机对于不同的饱和光强输出不同的峰值功率，因而改变实际的对比度，由于该滤光片组的存在可能无法对 NEA 的值进行准确的估计。如果每次测试时都实时计算相机对比度，则可以消除该误差源。本节假设在整个测量中有一个相机对比度值。从式（2.3）开始，并为 NEA 值和对比度插入误差项：

$$\text{NEA} = w\sqrt{\ln[\text{contrast}]} \quad (2.3)$$

$$\text{NEA}(1+\Delta\text{NEA}_{\text{filter}}^2) = w\sqrt{\ln[\text{contrast}(1+\Delta\text{filter}^2)]}$$

$$= w\sqrt{\ln[\text{contrast}]}\left(1+\frac{\Delta\text{filter}^2}{2\ln[\text{contrast}]}\right)$$

$$\Delta\text{NEA}_{\text{filter}}^2 = \frac{\Delta\text{filter}^2}{2\ln[\text{contrast}]}$$

$$\Delta\text{NEA}_{\text{filter}} = \frac{\Delta\text{filter}}{\sqrt{2}\sqrt{\ln[\text{contrast}]}} \quad (2.17)$$

在该方程中，Δfilter 代表一组连续的中性密度（ND）滤光片之间的增量变化。如果使用的滤光片组间的增量为 0.1ND，例如 0.1、0.2、0.3、0.4等，则 Δfilter 为 $1 - 10^{-0.1} = 21\%$。每替换一个相邻的滤光片都会使到达相机的辐照度峰值变化 21%。对于这组滤光片组而言，无法完成更加精细的强度调节。需要注意的是，像反向旋转棱镜等连续滤光装置并不具有该误差项。

在测量二阶矩半径时，由于必须使用非二阶矩的方法来估计 NEA，所以 NEA 的估计也具有误差。ISO 中规定的三倍二阶矩半径的矩形积分窗口也受到该误差项的影响，窗口也需要根据光束形状和所使用的特定非二阶矩方法进行适当修改。作者采用半幅全宽（FWHM）来估计 NEA。式(2.18) 表明，使用 FWHM 方法来测量光束半径 x，也会由于暗电流噪声和激光器输出功率波动的存在而产生一些误差，最终得到如式 (2.19) 的NEA 估计方差：

$$e^{-2((\frac{x}{w})^2 + \sigma_{\text{method}}^2)} + \sigma_{\text{dark-beam}}^2 + \sigma_{\text{laser}}^2 = e^{-2}$$

$$\begin{aligned}
\left(\frac{x}{w}\right)^2 + \sigma_{\text{method}}^2 &= -\frac{1}{2}\ln\left[\frac{1}{e^2}\left(1 - e^2(\sigma_{\text{dark}}^2 + \sigma_{\text{laser}}^2)\right)\right] \\
&= -\frac{1}{2}\left(\ln\left[\frac{1}{e^2}\right] + \ln\left[1 - e^2(\sigma_{\text{dark}}^2 + \sigma_{\text{laser}}^2)\right]\right) \\
&= -\frac{1}{2}\left(-2 + \ln\left[1 - e^2(\sigma_{\text{dark}}^2 + \sigma_{\text{laser}}^2)\right]\right) \\
&= 1 - \frac{1}{2}\ln\left[1 - e^2(\sigma_{\text{dark}}^2 + \sigma_{\text{laser}}^2)\right]
\end{aligned} \tag{2.18}$$

假设 FWHM 无误差，则 $(x/w) = 1$，因此有

$$\sigma_{\text{method}}^2 = -\frac{1}{2}\ln[1 - e^2(\sigma_{\text{dark}}^2 + \sigma_{\text{laser}}^2)] \tag{2.19}$$

故由滤光片和非二阶矩方法带来的 NEA 的总方差为

$$\begin{aligned}
\Delta\text{NEA}^2 &= \Delta\text{NEA}_{\text{filter}}^2 + \sigma_{\text{method}}^2 \\
&= \frac{\Delta\text{filter}^2}{2\ln[\text{contrast}]} - \frac{1}{2}\ln[1 - e^2(\sigma_{\text{dark}}^2 + \sigma_{\text{laser}}^2)]
\end{aligned} \tag{2.20}$$

2.7.5　NEA 估计误差引入的二阶矩半径方差

由于其他像素的相关离散误差以及暗电流噪声的存在，NEA 估计的方差会对二阶矩测量产生影响。计算这些量最简单的方法，是通过几何

方法计算出其他像素所占的总比例, 再将其乘以之前确定的 $\sigma_{\text{dark-beam}}^2$ 和 $\sigma_{\text{discretization}}^2$。由 NEA 估计误差引入的无关像素的比值为

$$\frac{\pi(\text{NEA} + \Delta\text{NEA})^2 - \pi\text{NEA}^2}{\pi\text{NEA}^2} = \frac{2\Delta\text{NEA}}{\text{NEA}} + \frac{\Delta\text{NEA}^2}{\text{NEA}^2} \approx \frac{2\Delta\text{NEA}}{\text{NEA}} \quad (2.21)$$

NEA 的估计误差对二阶矩半径方差的影响可表示为如下两个方程:

$$\sigma_{\text{NEA}}^2 = \sigma_{\text{NEA-dark}}^2 + \sigma_{\text{NEA-disc}}^2$$

$$\sigma_{\text{NEA-dark}}^2 = \frac{2\Delta\text{NEA}}{\text{NEA}}\sigma_{\text{NEA-beam}}^2$$

$$= \frac{2\Delta\text{NEA}}{\text{NEA}}\left(\frac{A_{\text{pixel}}}{2\pi\text{NEA}^2}\right)\ln[\text{contrast}]\sigma_{\text{dark-pixel}}^2 \quad (2.22)$$

$$\sigma_{\text{NEA-disc}}^2 = \frac{2\Delta\text{NEA}}{\text{NEA}}\sigma_{\text{disc}}^2 = \frac{2\Delta\text{NEA}}{\text{NEA}} * \frac{A_{\text{pixel}}}{2\pi\text{NEA}^2}\frac{\ln[\text{contrast}]}{\text{contrast}} \quad (2.23)$$

式中: $\sigma_{\text{NEA-dark}}^2$ 为暗电流噪声引起的 NEA 估计误差所导致的二阶矩测量方差; $\sigma_{\text{NEA-disc}}^2$ 为离散误差导致的相应的方差。

2.7.6 二阶矩半径测量的总方差

回到式 (2.7) (这里重写为式 (2.24)) 并将式 (2.13)、式 (2.16)、式 (2.22) 和式 (2.23) 代入, 通过式 (2.8) 简化得到

$$\sigma_{\text{beam}}^2 = \sigma_{\text{disc}}^2 + \sigma_{\text{dark-beam}}^2 + \sigma_{\text{NEA-dics}}^2 + \sigma_{\text{NEA-dark}}^2 + \sigma_{\text{laser}}^2 \quad (2.24)$$

$$\sigma_{\text{beam}}^2 = \frac{A_{\text{pixel}}}{2\pi\text{NEA}^2}\frac{\ln[\text{contrast}]}{\text{contrast}} + \left(\frac{A_{\text{pixel}}}{2\pi\text{NEA}^2}\right)\ln[\text{contrast}]\sigma_{\text{dark-pixel}}^2$$

$$+ \frac{2\Delta\text{NEA}}{\text{NEA}}\frac{A_{\text{pixel}}}{2\pi\text{NEA}^2}\ln[\text{contrast}]\frac{1}{\text{contrast}}$$

$$+ \frac{2\Delta\text{NEA}}{\text{NEA}}\frac{A_{\text{pixel}}}{2\pi\text{NEA}^2}\ln[\text{contrast}]\sigma_{\text{dark-pixel}}^2 + \sigma_{\text{laser}}^2$$

$$\sigma_{\text{beam}}^2 = \frac{A_{\text{pixel}}}{2\pi\text{NEA}^2}\ln[\text{contrast}]\left(\left(\frac{1}{\text{contrast}} + \sigma_{\text{dark-pixel}}^2\right)\right.$$

$$\left. + \frac{2\Delta\text{NEA}}{\text{NEA}}\left(\frac{1}{\text{contrast}} + \sigma_{\text{dark-pixel}}^2\right)\right) + \sigma_{\text{laser}}^2$$

$$\sigma_{\text{beam}}^2 = \frac{A_{\text{pixel}}}{2\pi\text{NEA}^2}\ln[\text{contrast}]\left(\frac{1}{\text{contrast}} + \sigma_{\text{dark-pixel}}^2\right)\left(1 + \frac{2\Delta\text{NEA}}{\text{NEA}}\right) + \sigma_{\text{laser}}^2$$

$$(2.8)$$

再次对式 (2.8) 进行说明, 需要强调该式的适用范围, 即采用带有 CCD 相机、离散滤波器和采用半幅全宽法的装置, 测量输出光束为高斯

光束的激光器，对光束积分面积进行适当估计时。不同的系统具有不同的噪声公式。例如式（2.8）的主要优点是，如果对于给定系统进行多次测量是不可能或不可取的，那么使用式（2.8）可以对噪声分量进行快速估计。

2.7.7　多次测量求平均值对二阶矩半径方差的影响

通常，我们希望可以通过多次测量求平均值的方法来减小暗电流噪声对测试结果的影响，但是事实并非如此。当两个高斯分布的噪声叠加时，由此得到的噪声分布是原噪声分布的卷积。如式（2.25）所示，束宽为 σ 的高斯光束的卷积随拍摄次数的平方根 $\sqrt{n}$ 的增加而增加。为了区分平均分布和单次测量分布，下标 1 用于表示单次测量值：

$$\int_{-\infty}^{\infty} \mathrm{e}^{-\frac{\alpha^2}{\sigma^2}} \mathrm{e}^{-\frac{(\alpha-x)^2}{\sigma^2}} \mathrm{d}\alpha = \sigma\sqrt{\frac{\pi}{2}} \mathrm{e}^{-\frac{x^2}{2\sigma^2}} \tag{2.25}$$

因此，暗电流噪声随着测试次数的根值的增加而增加，如下式：

$$\sigma_{\mathrm{dark\text{-}beam}} = \sqrt{n}\sigma_{\mathrm{dark\text{-}beam},1}$$
$$\sigma_{\mathrm{dark\text{-}pixel}} = \sqrt{n}\sigma_{\mathrm{dark\text{-}pixel},1} \tag{2.26}$$

对比度是峰值像素值与每个像素的暗电流噪声的比值，即

$$\mathrm{contrast} = \frac{\mathrm{contrast}_1}{\sqrt{n}} \tag{2.27}$$

对比度影响 NEA 的值，NEA 随着根号下对比度与测试次数根值比值的自然对数的减少而减少，即

$$\mathrm{NEA} = w\sqrt{\ln\left[\frac{\mathrm{contrast}_1}{\sqrt{n}}\right]} \tag{2.28}$$

在给定测量中，像素数 N_{pixels} 随着 NEA 平方增加而增加，即

$$N_{\mathrm{pixels}} = \frac{\pi\mathrm{NEA}^2}{A_{\mathrm{pixel}}} = \frac{\pi w^2 \ln\left[\dfrac{\mathrm{contrast}_1}{\sqrt{n}}\right]}{A_{\mathrm{pixel}}} \tag{2.29}$$

回看暗电流噪声公式（2.15），将式（2.29）代入，得到式（2.30）：

$$\sigma_{\mathrm{dark\text{-}beam}}^2 = \frac{\mathrm{NEA}^2\sigma_{\mathrm{dark\text{-}pixel}}^2}{2w^2 N_{\mathrm{pixels}}} \tag{2.15}$$

$$\sigma^2_{\text{dark-beam}} = \frac{\text{NEA}^2 \sigma^2_{\text{dark-pixel}}}{2w^2 \dfrac{\pi \text{NEA}^2}{A_{\text{pixel}}}} = \frac{A_{\text{pixel}} \sigma^2_{\text{dark-pixel}}}{2\pi w^2} \tag{2.30}$$

暗电流噪声与拍摄次数无关，不属于离散误差的范畴。从式（2.13）开始，做适当代换，得到式（2.31）和式（2.32）之后，发现离散误差会随着拍摄次数的增加而增加：

$$\sigma^2_{\text{disc}} = \frac{\text{NEA}^2}{2w^2 \text{contrast} N_{\text{pixels}}} \tag{2.13}$$

$$\sigma^2_{\text{disc}} = \frac{\text{NEA}^2}{w^2} \left(\frac{1}{N_{\text{pixels}}} \right) \frac{1}{2\text{contrast}}$$

$$= \ln \left[\frac{\text{contrast}_1}{\sqrt{n}} \right] \left(\frac{1}{\dfrac{\pi w^2 \ln \left[\frac{\text{contrast}_1}{\sqrt{n}} \right]}{A_{\text{pixel}}}} \right) \frac{1}{2 \frac{\text{contrast}_1}{\sqrt{n}}}$$

$$\sigma^2_{\text{disc}} = \left(\frac{A_{\text{pixel}}}{\pi w^2} \right) \frac{\sqrt{n}}{2\text{contrast}_1} \tag{2.31}$$

由离散误差引起的二阶矩束腰的误差，与拍摄次数的四次方根成正比，即

$$\sigma_{\text{disc}} = \sqrt{ \left(\frac{A_{\text{pixel}}}{\pi w^2} \right) \frac{\sqrt{n}}{2\text{contrast}_1} } \tag{2.32}$$

是否采用多次拍摄求平均值的方法，取决于被测量激光器的噪声特性。幸运的是，拍摄次数的四次方根是一个增加缓慢的量，因此增加拍摄次数的好处大于其带来的误差，至少不会增加暗电流噪声。这里只是告诫读者，增大测试数据量求平均值的方法，并不总能提高测量的质量。

2.8 刀口法

ISO 11146-3：2004 标准中规定（ISO，2004，第 4 节）了三种可用来测量光束半径的替代方法：可变孔径法、移动刀口法和移动狭缝法。该标准有如下声明：

> "本节所描述的评估方法，并非基于空间功率分布函数的二阶矩，该二阶矩为得到一致的传播函数所需。
>
> 二阶矩直径与其他方法所确定的直径之间的关系，强烈依赖于光束功率密度的分布。"

解释：基于其他方法测量的 M^2 仅在被测光束为高斯光束时才准确。

本章探讨的是，基于刀口法测量光束二阶矩半径真值的方法。刀口法测量被认为是一种快速简单的光束半径测量方法。需要一个大面积的探测器用以收集光束的所有能量。为了得到透射能量与刀口位置的函数关系，需用光束遮挡装置（通常为刀片或刀口）扫描光束的横截面，如图 2.13 所示。这里有一个实验技巧：如果要使用刀片，需先将刀片的刀锋磨掉。原因是，在测量聚焦光束时，由于能量过高，刀片刀锋过薄，通常会被烧蚀掉。使用稍钝的截面能够更加有效的测量。

2.8.1　ISO 两点刀口法

ISO 11146-3：2004 标准指出，通过刀口扫描光束截面，分别使 84% 及 16% 的能量通过，如图 2.14 所示。对于高斯光束而言，这两点之间的距离等于二阶矩半径。因此通过这种方法测量得到的光束直径是与 M^2 相关的。由于 M^2 是通过对光束直径拟合曲线得到的，因此 ISO 规定的刀口法需要对测试量进行先验估计。但 ISO 标准中并未对此迭代算法进行说明。

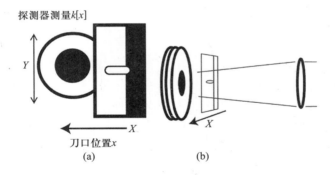

图 2.13　刀口测量：前视图（a）与侧视图（b）

刀口测量法（图 2.13）进行辐照度分布的空间积分：

$$k[x] = \iint_{x'=-\infty;y=-\infty}^{x'=x;y=\infty} I[x',y]\mathrm{d}x'\mathrm{d}y \tag{2.33}$$

如果式（2.33）应用于高斯光束（归一化使得总功率等于 1），则

$$k[\xi] = \iint_{x=-\infty;y=-\infty}^{x=\xi;y=\infty} \frac{2}{\pi w^2}\mathrm{e}^{-\frac{2(x^2+y^2)}{w^2}\mathrm{d}x\mathrm{d}y} = \frac{1}{2}\left(1 + \mathrm{erf}\left[\sqrt{2}\frac{\xi}{w}\right]\right) \tag{2.34}$$

因此

$$\xi = \frac{w\text{InverseErf}[-1 + 2k[\xi]]}{\sqrt{2}} \tag{2.35}$$

如果 $k[\xi]$ 设置为 0.16 和 0.84，则 $\xi = \pm 0.497$，两点之间的距离近似等于二阶矩半径 w。可用式（2.34）对图 2.14 进行说明。

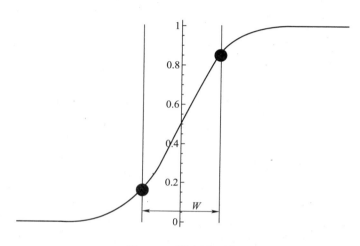

图 2.14　两点刀口法

两点刀口法不能精确地测量光束二阶矩半径，甚至不能与非高斯或扰动高斯束的二阶矩半径成固定比例。如果这种测量是手动进行的，由于实验者会快速调整千分尺旋钮并查看功率计的输出，则仅使用两个点的刀口法具有一定意义。如果采用自动方式进行测量，则仅使用两个点根本没有意义，因为自动测试系统进行多次测量，并且遵循最小化算法来定位两个点。采用刀口法进行测试时，获取许多刀口位置数据点然后将其中大部分剔除，仅仅保留两个任意点，这种做法将对测试结果的精确性起到反作用，甚至会导致测试结果出现错误。使用刀口法可以获取正确的二阶矩测量结果，但是必须使用所有数据，而不仅仅是两点。要了解如何实现这一点，需要对二阶矩进行分部积分，假设扫描宽度为 $2a$：

$$w^2 = 2\int_{-\infty}^{\infty}\int_{-\infty}^{\infty} x^2 I[x,y]\mathrm{d}x\mathrm{d}y \approx 2\int_{-a}^{a}\int_{-a}^{a} x^2 I[x,y]\mathrm{d}x\mathrm{d}y \tag{2.36}$$

$U\mathrm{d}V = UV - V\mathrm{d}U$（分部积分）

设 $U = x^2$, $\mathrm{d}V = I\mathrm{d}x$, 则得 $\mathrm{d}U = 2x\mathrm{d}x$, $V = \int I\mathrm{d}x$。将其代入二阶矩式 (2.36) 可得

$$w^2 = 2\int_{-a}^{a} \left(\left[x^2 \int_{-a}^{a} I[x', y]\mathrm{d}x' \right]_{-a}^{a} - 2x \int_{-a}^{a} I[x, y]\mathrm{d}x \right) \mathrm{d}y$$

$$= 2\int_{-a}^{a} \left(a^2 \left(\int_{-a}^{a} I[x', y]\mathrm{d}x' - \int_{-a}^{-a} I[x', y]\mathrm{d}x' \right) - 2\int_{-a}^{a} xI[x, y]\mathrm{d}x \right) \mathrm{d}y$$

$$(2.37)$$

注意到, 辐照度的积分正是由刀口法作为上限积分函数测量时的返回数据, 故式 (2.37) 可以进一步简化为

$$k[\xi] = \int_{-a}^{\xi} I[x', y]\mathrm{d}x' \tag{2.38}$$

在校准完毕的系统中, $k[-a] = 0$, 则有

$$w^2 = 2(a^2 k[a] - 2\int_{-a}^{a} \int_{-a}^{a} xI[x, y]\mathrm{d}x\mathrm{d}y) \tag{2.39}$$

接下来, 进行一组具有一定间隔规则 (等距) 的次数为 N 的刀口测量 (见图 2.15):

$$k_i = \int_{-a}^{\xi_i} I[x', y]\mathrm{d}x', \quad \xi_i = -a + i\frac{2a}{N} \tag{2.40}$$

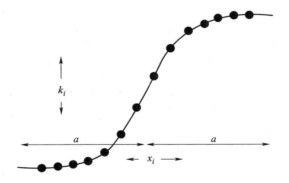

图 2.15 多点刀口法

对剩余的积分项采用梯形法则或其他离散方式进行处理, 由式 (2.40) 能够得到

$$w^2 = 2\left(a^2 k[a] - \frac{a}{N} \sum_{i=1}^{N-1} (x_i k_i + x_{i+1} k_{i+1}) \right) \tag{2.41}$$

为确认式（2.41）对描述二阶矩半径测量结果的正确性，使用一个数学模型对其进行验证。该验证中，使用包含零阶、一阶及四阶厄米高斯光束的综合光束，其中 0 阶模占$(100-3\eta)$%，1 阶模占 2η%，4 阶模占 η%。对比通过三种方法得到的 M^2 值：

（1）使用式（1.35），由模式组成直接计算得到 M^2。

（2）如图 2.14 所示，由 ISO 1999 16%～84% 两点法确定的二阶矩光束半径，使用式（2.35）计算得到 M^2。

（3）由式（2.41）及图 2.15 所示的多点法得到 M^2。

以上验证结果如图 2.16 所示，其中星点表示 16%～84% 两点法确定的二阶矩光束半径计算得到的 M^2 值，方块为由二阶矩半径的多点法得到的 M^2 值，实线为由模式构成得到的 M^2 值。以上结果验证了式（2.36）至式（2.41）的推导。刀口法能够用来计算二阶矩的真值，但基于两点刀口法测得的 M^2 值可能小于真值。

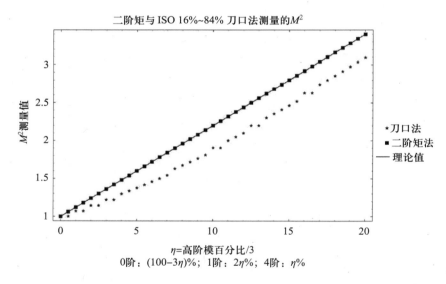

图 2.16   两点法与多点测量方法的对比

2.8.2   单点可变孔径法

ISO 标准（ISO，2004）同时也给出了基于可变孔径的两点法，其与圆周对称的刀口法相似。通过使用基于千分尺的可变快门或一组精密加工的孔径完成测量，如图 2.17 所示。

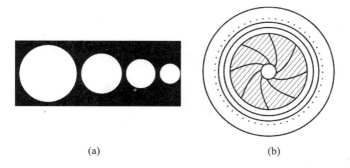

(a)　　　　　　　　　　　　　　(b)

图 2.17　加工孔径 (a) 或用于多种尺寸孔径光束半径测量的可变光阑 (b)

单点法使用的小孔的半径，允许光束总能量的 86.5% 通过小孔，然后由实验设备允许的最大孔径通过能量和最小孔径通过能量（大孔径为了确定总能量，小孔径为了确定光束中心），以确保获得良好的测量结果。一个被恰好放在光束中心的孔径所测得的功率由如下空间积分表示：

$$v[r] = \int_0^r 2\pi r' I[r'] \mathrm{d}r \tag{2.42}$$

如果光束是高斯光束，并且归一化后使得总功率为 1，$v[r]$ 的范围为 $0 \sim 1$，则

$$v[r] = \frac{2}{\pi w^2} \int_0^r 2\pi r' \mathrm{e}^{-2(\frac{r'}{w})^2} \mathrm{d}r = 1 - \mathrm{e}^{-\frac{2r^2}{w^2}} \tag{2.43}$$

求解半径 r 为

$$r^2 = -\frac{1}{2} w^2 \ln[1 - v[r]] \tag{2.44}$$

代入 $v[r] = 0.865$ 得到的半径为高斯光束二阶矩半径的 1.00062 倍。对于非高斯光束或扰动高斯光束，单点法公式不等于二阶矩，或者甚至不与二阶矩存在恒定的数量关系，因此基于该方法的任何计算都将存在误差。与多点刀口法类似，可变光阑法可以使用多个数据点来正确地计算二阶矩半径。当进行手动测量时，单点法测量可以快速对半径进行估计，此时单点法具有一定意义，因为实验者测试过程中还需要转动旋钮并查看功率计的输出。当进行自动测量时，使用单个点根本没有意义，因为设备将进行大量测量来确定 86.5% 能量通过的点。

在刀口法中采用的基本思路和方法也可同样应用于可变孔径法：

$$w^2 = 2\int_0^\infty 2\pi r^2 I[r] r \mathrm{d}r \approx 4\pi \int_0^a r^3 I[r] \mathrm{d}r \tag{2.45}$$

$$U\mathrm{d}V = UV - V\mathrm{d}U \quad \text{（分部积分）}$$

设 $U = r^3$，$dV = Idr$，则得 $dU = 3r^2dr$，$V = \int Idr$。将其代入二阶矩式（2.45）可得

$$w^2 = 4\pi \left(\left[r^3 \int_0^r I[r']dr' \right]_0^a - 3 \int_0^a r^2 \int_0^r I[r']dr'dr \right) \tag{2.46}$$

从式（2.42）中能够注意到，辐照度的积分正是由可变孔径法测得的数据的积分极限函数，那么可以大大简化式（2.46）。

在校准完毕的系统中，$v[0] = 0$，则有

$$w^2 = 4\pi \left(a^3 v[a] - 3 \int_0^a r^2 v[r]dr \right) \tag{2.47}$$

式（2.47）可以使用梯形规则或其他的数值积分公式进行离散化，例如可假设一组间隔规则（等距）的次数为 N 的可变孔径测量：

$$v_i = \int_0^{r_i} I[r']dr', \quad r_i = i\frac{a}{N}$$
$$w^2 = 4\pi \left(a^3 v_N - 3\frac{a}{2N} \sum_{i=1}^{N-1} (r_i^2 v_i - r_{i+1}^2 v_{i+1}) \right) \tag{2.48}$$

式（2.48）可用于正确计算任意光束的二阶矩。

2.9 关于 M^2 的结论

总的来说，M^2 的测量需要进行大量的实验，同时，进行有据可依的测量也具有一定挑战。M^2 测量最好限于质量好的单高斯束的测量。较好的经验法则是，如果测量中得到的 M^2 值大于 3，那么它很可能不是一个合适的测量方法（Johnson 和 Sasnett，2004，第 33 页）。

从使用自动化商业设备的结果来看，如果不能完全公开这些设备的测试方法、误差估计方法以及局限性，不能为用户提供独立检查和处理原始数据的能力，那么通过这些设备得到的 M^2 值不应公开发表。不幸的是，可追溯的结果及其"专利方法"通常是矛盾的。一些基于非相机的商用设备，如果声称其测量得到的 M^2 结果符合 ISO 标准，那么其很可能是采用了 ISO 所述的一些替代方法，ISO 也承认这些方法只能够适用于高质量的高斯光束。通过这些设备得到的 M^2 值也不应公开发表。

最后，对于用户所关心的一些光束参数，M^2 值并不能直接有效地给出。例如：与某种参考光束相比，远场光斑大小程度如何；或者能够到达

远场光斑的能量占总能量的百分比是多少。因为 M^2 是设计用来描述高斯集合中模式数目的指标。如果想要了解一个高斯集合中的模式数目，那么 M^2 指标正好合适，否则，会有其他的光束质量指标来回答用户的问题，并且在实验上也更加简单。下一章将对适应用户不同需求的光束质量指标的设计进行概述。

第3章

如何设计光束质量指标

对于大多数应用来说，现有的光束质量指标已经足够使用。例如常用的商用低功率（几十瓦连续功率）稳定腔激光器，就不太需要创建自己的光束质量指标。但如果使用的是连续工作模式下平均输出功率为数十千瓦的激光器、平均功率为千瓦的脉冲激光器、特殊激光器或非稳腔激光器，又或者是有激光器的开发或采购需求，此时就需要设计自己的光束质量指标了，本章内容就是针对此方面需求的。本章将用两个完整的成功案例来描述设计过程，最后再列举几个特殊指标的案例以供参考。

3.1　概述：综合、分析和比较

设计光束质量指标有三个基本步骤：

（1）需求综合：根据对目标的期望效果反向确定对激光器本身的需求。

（2）规范分析：提出需求，回答所有的关键问题，消除所有的模糊概念，并清晰地说明所有的实验过程。如果激光器可以满足规范，则能完成预期的任务。

（3）指标比较：查看设计的指标以确保其适用于多种激光器而不是仅用于一个或一类激光器。

术语"综合"和"分析"借鉴了 17、18 世纪诸如笛卡儿和康德（Kant，1952）等所描述的理性哲学。"分析"型描述，是指只添加细节而并没有真正的新信息的描述。例如，$1+1=2$ 就是一个"分析"型描述的示例，等式的右边均能从左边得到。"分析"型描述的重要意义在于指出特定原理或语句的全部内涵。另一方面，"综合"型描述则包含真正的新信息。例如，首先对任意形状的任意一维曲线进行傅里叶变换，然后再对结果进行傅里叶变换。如果持续这样做，最终会得到一个高斯形状的曲线。这个概念在傅里叶分析中称为中心极限定理，结论中包含了前提所隐含的新信息。这便是"综合"型描述的定义特征。

可比较的指标是专门用来公布的指标，或是用来在同一出发点上比较不同的激光器的指标。内部/合同指标和发布的指标不一定是同种类型的指标。例如，光纤激光器相控阵（相位阵列）的设计研究人员可能会认为填充因子（中心波瓣中占总功率的分数）是判断光束工作效果的主要内部指标，但发布的指标却可能是 PIB 或 M^2。

该过程如图 3.1 所示。从目标和应用需求入手，反向求得系统需求，运用"综合"和"分析"手法，最终完成可比较指标的设计。但有一点需重点强调，即经常出现设计出的激光器符合规范却仍不能实现预期目标的情况。6.4 节中包含了对行业案例进行的相关研究，这些研究将会说明这种情况是如何发生的。必须小心谨慎，以确保规范有源可溯。

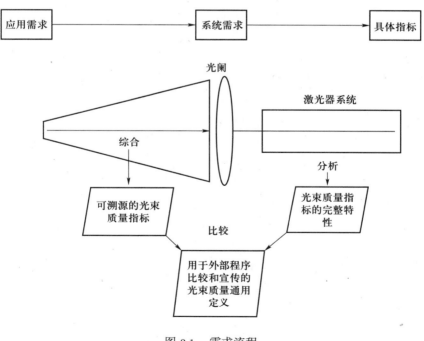

图 3.1　需求流程

3.2　需求综合

需求综合是从使用物理设备的目的出发，反向确定系统的规格。图 3.2 简要描述了需求综合的整个过程，其中括号中的数字代表本章的章节数，在各小节中会对相应过程进行更详细的解释。

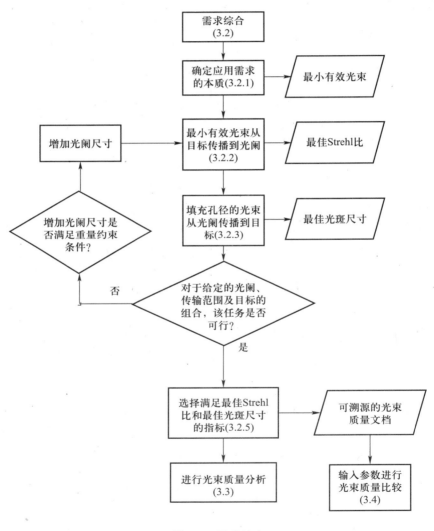

图 3.2　需求综合

3.2.1 确定应用需求的本质：获得最小有效光束

第一步，确定目标要求的"类型"。影响激光与材料相互作用效果的参数是峰值功率、平均通量、最小通量、总能量，还是其他参数？如果尚未对激光–材料的相互作用进行充分研究，那么这便是研究工作的第一步。如果应用中涉及长距离传播，那么首先需明确关于预期大气衰减、无补偿抖动需求、激光–材料交互物理学问题，并确定目标大小、形状及其与传播轴的夹角。一旦确定了激光–目标相互作用的性质，就可以在数学上构造一个最小有效光束——刚好能达到预期目标且波前平坦的高斯辐照度分布的光束。使用高斯分布的原因在于，大多数波束的远场中心波瓣非常接近高斯分布，而且这一步的目的是限定问题的界限，应避免提出无法实现的激光器规范。

3.2.1.1 例 1：采用激光烧蚀法的微加工

（1）利用激光烧蚀进行精密孔微加工时，加工效果与电场峰值及脉冲重复频率密切相关。电场需给予原子足够的动量，使它们从大块固体（原材料）中剥离。脉冲重复频率需足够快，保证以可接受的速率烧蚀材料，但同时也不能过快，需使被烧蚀材料有足够的时间与相互作用区分离，并确保排出的分子不会吸收下一个输入脉冲。在激光烧蚀中，只有电场强度大于烧蚀最小电场强度时，材料才能被剥离，而烧蚀孔径的大小，取决于入射光束轮廓中大于最小电场强度部分的面积。

（2）科研部门确定的对指定样品进行激光烧蚀所需的最小辐照度为 $1\,GW/cm^2$（吉瓦特每平方厘米）。工程师们将光束孔径定为 $40\,\mu m$，同时为了满足生产线工作要求，传播距离定为 $30\,cm \sim 1\,m$。他们希望出射孔径可达到 $1\,cm$ 或更小。由于这是一个地面平台激光器，因此可使用带有冷却的光挡以保证连续运行。

（3）目前正在考虑的商用激光器具有 $5\,kHz$ 的脉冲重复频率，$1\,ns$ 的脉冲持续时间，且每个脉冲有 $60\,kW$ 的峰值功率。

（4）若仅按以上要求，则有很多种类光束可以满足需求；但真正的要求是光束孔径为 $40\,\mu m$，且辐照度大于 $1\,GW/cm^2$：

$$I = \frac{2P}{\pi w^2}e^{-2\left(\frac{r}{w}\right)^2} > \frac{1\,GW}{cm^2} \quad 当\ r = r_0 = 20\,\mu m \tag{3.1}$$

式中：I 是辐照度；P 是总积分功率；w 是目标的光束二阶矩半径。式（3.1）可进一步推导并化简为

$$\zeta w^2 = e^{-2\left(\frac{r_0}{w}\right)^2} \tag{3.2}$$

式中: $\zeta = \pi I_0/2P$, I_0 是光轴辐照度。将式 (3.2) 代入式 (3.1), 求出 w 满足

$$\frac{r_0^2}{w^2} = -\frac{W[-2r_0^2\zeta]}{2} = -\frac{W\left[-\pi r_0^2 \dfrac{I_0}{P}\right]}{2} \tag{3.3}$$

式中: W 是朗伯 W 函数, 是 $f[W] = We^W$ 的反函数。无论是从物理学角度还是从朗伯 W 函数的定义域来看, 都要求其参数小于 $1/\mathrm{e}$, 即

$$\begin{aligned} -2r_0^2\zeta &< \frac{1}{\mathrm{e}} \\ -\pi r_0^2 \frac{I_0}{P_0} &< \frac{1}{\mathrm{e}} \end{aligned} \tag{3.4}$$

将 $r_0 = 20\ \mu\mathrm{m}$、$I_0 = 1\ \mathrm{GW/cm^2}$ 和 $P_0 = 60\ \mathrm{kW}$ 代入, 可证明上述不等式是成立的, 由此可知, 采用给定的激光器, 存在满足需求的激光束。如果不等式不成立, 则需要进一步修订需求过程。在这里我们还注意到, $P_0 = 60\ \mathrm{kW}$ 并不是很难达到的要求, 所考虑的激光器都能达标。接下来, 利用式 (3.2) 绘制 w 与 P_0 的函数曲线。如图 3.3 所示, 硬截止功率 $P_0 = 3.42\ \mathrm{kW}$, 脉冲功率小于该截止功率的光束无法满足需求。然而, 在所考虑的脉冲峰值功率低于 $60\ \mathrm{kW}$ 激光器中, 仍存在多种解决方案。需要使用 w 和 P_0 的各种组合来绘制一些光束轮廓的解决方案并加以判断。

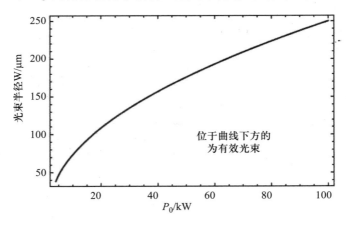

图 3.3 光束半径与 P_0 (例 1, 式 (3.2))

如图 3.4 所示, 由于对光束半径及辐照度有特定要求, 一些扁平光束刚好超过需求, 而一些窄光束则远远超过需求。由于脉冲激光器总是会出现脉冲抖动, 所以在工程上, 仅考虑使用超过中心处功率 20% 的光束。可

得出截止峰值功率为 $5 \sim 10\,\mathrm{kW}$，其对应的目标处光束半径为 $39 \sim 65\,\mu\mathrm{m}$。现在得到了最小有效光束，可以进行下一步，将光束反向传播至出射孔径处。

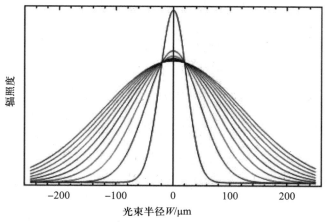

图 3.4　满足式 (3.4) 的高斯光束轮廓

3.2.1.2　例 2：激光反导

此例将遵循图 3.2 所示的流程。以下使用的所有数值只用于示例，并不基于任何导弹系统。

（1）激光反导原理实际上是固体加热。它是一个关于在特定点处积累热通量的问题。

（2）假设 "毁伤专家" 确定，聚焦在导弹上的光斑直径为 5 cm，平均辐照强度为 $1\,\mathrm{kW/cm^2}$，传播距离为 $5 \sim 10\,\mathrm{km}$。激光出射孔径为主镜直径 30 cm、次镜直径 10 cm 的卡塞格伦望远镜系统。可接受的瞄准射击时间应小于 10 s。能够完成该任务的激光器需具有超过 100 kW 的输出功率，并架设在一个紧凑的移动平台上，因此使用光挡并不可行；激光器的每次射击都需要从 "待机" 状态开始。

（3）为确定最小有效光束，需确定目标上直径为 5 cm 的高斯光束圆斑的平均辐照度。高斯光束的辐照度分布由式 (3.5) 给出，且要求在某个半径处 $I_{\mathrm{avg}} > I_0$，如式 (3.6) 所示。这里设半径 a 为 2.5 cm，I_0 为 $1\,\mathrm{kW/cm^2}$：

$$I[r] = \frac{2P}{\pi w^2}\mathrm{e}^{-2\left(\frac{r}{w}\right)^2} \tag{3.5}$$

$$I_{\mathrm{avg}}[a] = \int_0^a 2\pi r I[r]\mathrm{d}r / (\pi a^2) = \frac{P}{\pi a^2}\left(1 - \mathrm{e}^{-\frac{2a^2}{w^2}}\right) \geqslant I_0 \tag{3.6}$$

式 (3.6) 的解, 如图 3.5 所示, 有

$$w^2 = -\cfrac{2a^2}{\ln\left[\cfrac{\pi a^2\left(\cfrac{P}{\pi a^2} - I_0\right)}{P}\right]} \tag{3.7}$$

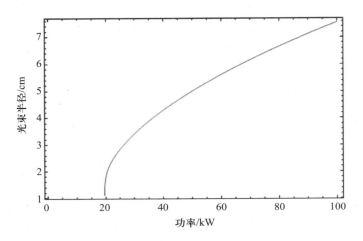

图 3.5　最小有效光束的光束半径与峰值功率 (例 2, 式 (3.6))

　　无论是从物理学角度还是从对数函数的定义域来看, 都要求其参数大于零。在这种情况下, $P > I_0\pi a^2 = 19.6\,\text{kW}$。功率小于 19.6 kW 的激光光束无法完成预期的任务。

　　存在许多可能的激光光束可以满足技术要求: 如在图 3.5 中半径 – 功率点落在曲线右侧的光束。图 3.6 展示的是半径 – 功率点在曲线上的高斯光束, 也能够满足需求。图中的垂线显示了预期目标半径, 用于参照比较。其中, 有几个候选光束几乎不能完成预期任务, 需要在数学上从目标反向地传播回孔径平面。

　　比较需求本质与例 1、例 2 中的备选光束 (见图 3.4 和图 3.6) 之后, 发现如果需求规定了目标上一部分的最小辐照度, 则所有的备选光束在目标边缘上都具有相同的辐照度。如果需求规定了目标上一部分的平均辐照度, 则光束都会较窄, 而且它们的辐照度分布也不存在公共交点。最小辐照度、场等的需求涉及超越函数, 而平均辐照度、场等的需求一般不会涉及。

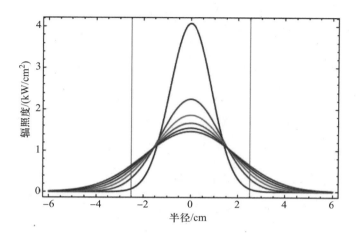

图 3.6　满足式（3.6）的高斯光束轮廓

3.2.2　最小有效光束从目标反向传播回光阑，获得最佳 Strehl 比

当备选光束确定下来之后，下一步是在数学上将其从目标反向传播回光阑。这一步在数学上的依据是傅里叶变换的中心纵坐标定理，其中 F 表示傅里叶变换：

$$
\begin{aligned}
&\text{如果}\quad F[g[x]] = G[\xi] \\
&\text{那么}\quad G[0] = \int g[x]\mathrm{d}x
\end{aligned}
\tag{3.8}
$$

对给定轮廓的光束分布进行傅里叶变换，变换后轴上的值等于原函数的积分。目标平面（远场）和孔径平面（近场）互为傅里叶共轭面。不存在孔径干涉的条件下，目标平面中的傅里叶变换峰值与光阑平面中的能量成比例，反之亦然。我们将最小有效光束反向传播到孔径平面，然后与孔径进行交叠积分。交叠积分的值小于 100%。由于光阑平面中的积分等于目标平面上的峰值，因此便确定了基于给定结构下能够获得的最大 Strehl 比。为了完成这个任务，需要对函数进行归一化，使目标平面的环围功率等于无量纲的 1。

下面将根据 3.2.1 节的两个例子来继续描述。由于处理的是高斯光束，因此将使用高斯传播方程而不是傅里叶传播方程。高斯光束的傅里叶变换还是高斯光束，因此即使采用的是更为简单的高斯传播方程，结果也同样有效。

3.2.2.1 例 1（续）：激光烧蚀

首先回顾需求：传播距离为 30 cm ~ 1 m，出射孔径直径为 ≤ 1 cm。确定了几个样本光束之后，将这些光束反向传播回预期的输出光阑。衍射受限（DL）的高斯光束的传播很容易实现，只需满足代数式（3.9）和式（3.10）。它们是式（1.8）、式（1.19）和式（1.22）的简化形式：

$$I[r, z] = \frac{2P}{\pi w^2[z]} e^{-2\left(\frac{r}{w[z]}\right)^2} \tag{3.9}$$

$$w^2[z] = w_0^2\left(1 + z^2\left(\frac{\lambda}{\pi w_0^2}\right)^2\right) = w_0^2\left(1 + \left(\frac{z}{Z_R}\right)^2\right) \tag{3.10}$$

将传播距离设为 30 cm 和 1 m，并将式（3.10）应用到图 3.3 和图 3.4 中，得到图 3.7。

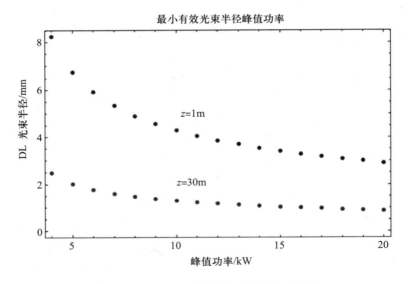

图 3.7　光阑平面光束半径与峰值功率（例 1）

光束直径的变化范围为 1 ~ 8 mm，其变化取决于传播距离（图 3.7 中由 $z = 1$ m 或 $z = 30$ cm 表示）和峰值功率。在 3.2.1.1 节中，光阑直径的需求为 1 cm。交叠积分给出了光束进入光阑的功率占光束总功率的分数（考虑到该步是反向传播，最终系统中光束从光阑输出）。这个交叠积分简单明确，因为式（3.9）是归一化后得到的，因此使得其在整个平面上的积

分等于 P，即瞬时功率。故该步骤中所需的交叠积分是

$$\int_0^a 2\pi r \frac{2}{\pi w^2[z]} e^{-2\left(\frac{r}{w[z]}\right)^2} \mathrm{d}r = 1 - e^{-\frac{2a^2}{w^2[z]}} \tag{3.11}$$

式中：a 是出射孔径半径，在此例中为 5 mm。式（3.11）表示了基于给定结构下可能的最大 Strehl 比，同时也是需求综合流程图（图 3.2）中第二步的输出。将图 3.7 中的数据代入式（3.11）后，得到图 3.8。

在这里，可以明显看出，在传播距离为 1 m 的条件下，由于传播距离较长，得到的 Strehl 比相当低。同时也能清楚地看到，在传播距离为 30 cm 的条件下，在任何峰值功率点几乎都具有非常高的最大 Strehl 比。读者也可以把图 3.8 中的横轴想象成美元，向右为增加，这是因为激光器的成本会随着峰值脉冲功率的增加而增加。

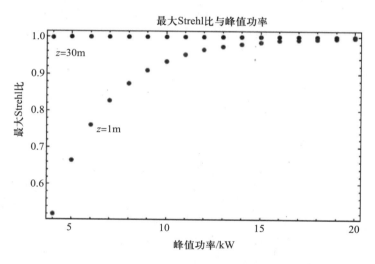

图 3.8　最大 Strehl 比与峰值功率（例 1）

至此，完成了针对例 1 的需求综合的第二步。到目前为止，得到的是可以实现预期应用的备选光束的集合，以及每个备选光束所对应的 Strehl 比上限。在第三步中，填充出射孔径的光束将从出射孔径传播到目标平面。在进行第三步之前，先继续对例 2 进行类似的计算。

3.2.2.2　例 2（续）：激光反导

以下使用的所有数值只用于示例，并不基于任何导弹系统。该步骤涉及 3.2.1.2 节中的式（3.9）和式（3.10）。虽然需求光斑大小和传播距离与

之前的例子不同, 但是只要步骤中涉及出口光阑的交叠积分, 那么在数学上都是相同的, 但这里的光学系统是带有中心遮挡的卡塞格林望远镜, 而不是无遮挡的准直透镜。图 3.9 是将式 (3.9) 和式 (3.10) 代入式 (3.6) 所示的备选目标平面光束轮廓得到的结果, 相当于例 1 中的图 3.7。

由于望远镜带遮挡, 所以出口光阑的交叠积分稍有不同。式 (3.9) 的归一化积分为

$$\int_a^b 2\pi r \frac{2}{\pi w^2[z]} \mathrm{e}^{-2\left(\frac{r}{w[z]}\right)^2} \mathrm{d}r = \mathrm{e}^{-\frac{2a^2}{w^2[z]}} - \mathrm{e}^{-\frac{2b^2}{w^2[z]}} \tag{3.12}$$

在本例中, 内半径为 5 cm, 外半径为 15 cm。与式 (3.11) 类似, 应用如图 3.9 的光阑平面光束轮廓, 式 (3.12) 表示了基于给定结构下可能的最大 Strehl 比, 如图 3.10 所示。

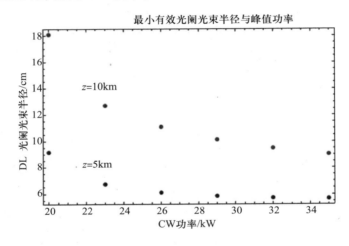

图 3.9　光阑平面光束半径与 CW 功率 (例 2)

初看图 3.10 时, 可能会感到惊讶, 因为它显示在较长的传播距离下, 最大 Strehl 比也较大, 这与例 1 中的情况完全相反 (见图 3.8)。这是由光学系统中相当大的中心遮挡所导致的。在通过此望远镜系统时, 光阑平面中光束半径更宽的光束会传输更多的能量。在这个例子中, 有两点需要强调: ①光束质量一般应根据出射孔径并结合其几何形状给出; ②对于某个给定配置, 合同规范中类似于 "衍射极限" 的模糊术语, 可认为等同于可能的最大 Strehl 比。因此, 如果在激光器的采购合同中指定了 "两倍衍射极限", 同时又并不严格定义它, 那么虽然本来要求 Strehl 比达到 0.5, 但0.1 可能就足以满足合同要求了。除了 Strehl 比之外, 其他指标也会出现

这种情况（事实上已经出现）。

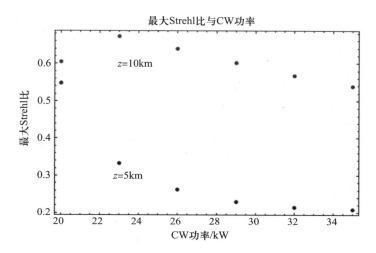

图 3.10   最大 Strehl 比与 CW 功率（例 2）

对于例 2，目前得到的是问题的边界条件以及可以完成任务的备选光束的集合。现在已知最大 Strehl 比由图 3.10 所示的两种情况界定。在实际情况中，可在设计阶段尝试使用具有较小中心遮挡的望远镜。本例将继续采用遮挡比为 1/3 的望远镜。下一步是通过将填充孔径的光束正向传播到目标平面来对光束质量进行额外约束。

3.2.3　填充孔径的光束从光阑正向传播到目标，获得最佳光斑尺寸

图 3.2 中的下一步，是假设光学系统能够实现完美聚焦，将填充孔径的光束正向传播到目标平面。这确定了目标上的最小光斑尺寸。其数学原理涉及 2D 傅里叶变换。由于光阑光束轮廓通过透镜或望远镜聚焦在目标平面上，因此两个平面互为傅里叶共轭面（Goodman，1968，第 5 章；Gaskill，1978，10.6 节）。由于出光孔径通常是方形和环形的组合，所以使用这些形状的傅里叶变换，便可简化计算。使用 Gaskill 约定的 2D 形状，rect$[x/a, x/b]$ 代表矩形，尺寸为 $a \times b$，cyl$[r/(2a)]$ 代表柱面，半径为 a。somb（rero）和 sinc 的定义可以在 1.4.2.3 节和 1.4.2.4 节中找到。式（3.13）和式（3.14）分别为矩形光阑和圆形光阑的傅里叶变换对。式（3.15）表示了光阑变量和目标平面变量之间的关系：

光阑平面形状	目标平面形状	

$$\text{rect}[x/a, x/b] \quad a*b*\text{sinc}[a\xi, b\eta] = \frac{\sin[a\xi]}{\xi}\frac{\sin[a\eta]}{\eta} \tag{3.13}$$

$$\text{cyl}[r/(2a)] \quad 4a^2 * \text{somb}[2a\rho] = \frac{2a}{\pi\rho}J_1[2\pi\rho a] \tag{3.14}$$

$$\xi = \frac{x}{\lambda f}, \quad \eta = \frac{y}{\lambda f}, \quad \rho = \frac{r}{\lambda f} \tag{3.15}$$

由于傅里叶变换是线性变换，因此如果光阑平面形状可以通过圆和矩形的加减构成，那么目标平面的光束形状就可以通过圆和矩形的傅里叶变换的加减来构造。

如果使用第一个零值定义光束半径，那么目标上的光斑大小也可以简单直接地计算。当 sinc 函数的参数为 π 时，其函数值取得第一个零值，当贝塞尔函数 J_1 的参数是 3.83171 时，其函数值取得第一个零值。目标平面光束轮廓和目标之间的交叠积分可以作为量化理想光束与给定目标之间的相互作用的参数。

应当注意，在一些学术组织中，填充孔径且具有平坦波前的光束已成为衍射极限的实际定义标准。如果规范中隐含着用高斯光束代表衍射限制的意思，却并没有对其进行明确的规定，则比预期光束差多倍的光束可能也符合合同的规范要求；更糟的是，这在无意中指定了一个不可能达到的光束质量指标。

在处理平顶分布的光束时，一定要注意由于近场场强形状分布的平方与原始形状相同，因此场强分布轮廓和辐照度分布轮廓之间没有差别。然而，在目标平面上情况并非如此，由于在测量光束质量时，测量的是与场强平方成正比的辐照度的分布，因此必须进行场强平方的测试。

第 4 章论述了关于光束质量转换的相关问题，光束质量指标主要分为两大类：测量角（例如 M^2 和 HPIB）和测量圆内包围能量（例如 Strehl 比、VPIB 和中心光斑功率）。当扰动增加时，这两类方法具有相似的表现特征。3.2.2 节中的第一步，是在其中一类上设立了边界，用 Strehl 比表示。本节中所讨论的步骤是在另一类上设立了边界，用目标上的光斑尺寸表示。当然也可计算填充因子，这有助于在两种光束质量分类上都设立边界。

3.2.3.1　例 1（续）：激光烧蚀

激光烧蚀采用直径 $\leqslant 1$ cm，传播距离 30 cm $\sim$ 1 m 的圆形输出孔径输出的激光。目标为直径 40 μm 的圆形光斑。归一化傅里叶变换为式（3.16）

和式 (3.17), 二重积分为式 (3.18)。所有这些如图 3.11 所示。

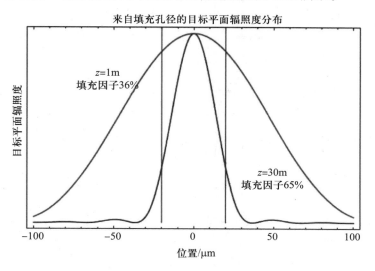

图 3.11 来自填充孔径的目标平面辐照度 (例 1)

出射孔径平面平顶分布	靶面辐照度分布

$$I \propto \mathrm{circ}^2 \left[\frac{r}{0.5 \text{ cm}}\right]$$

$$I \propto \frac{\mathrm{J}_1^2\left[0.0472\,\dfrac{r}{um}\right]}{r^2} \tag{3.16}$$

当 $z = 30$ cm, $\lambda = 1\ \mu\text{m}$

$r_{\text{aperture}} = 0.5$ cm,

目标处光斑尺寸 $= 36.6\ \mu\text{m}$

$$\frac{\displaystyle\int_0^a 2\pi r I[r]\mathrm{d}r}{\displaystyle\int_0^\infty 2\pi r I[r]\mathrm{d}r} \tag{3.17}$$

当 $z = 1$ m, $\lambda = 1\ \mu\text{m}$

$r_{\text{aperture}} = 0.5$ cm

目标处光斑尺寸 $= 122\ \mu\text{m}$

$$交叠积分 = \frac{\displaystyle\int_0^a 2\pi r I[r]\mathrm{d}r}{\displaystyle\int_0^\infty 2\pi r I[r]\mathrm{d}r} \tag{3.18}$$

其中 $a =$ 目标半径 $= 20\ \mu\text{m}$

在这种情况下, 目标点上的填充因子 (二重积分) 并不理想; 即使光束处于衍射极限, 目标距离出射孔径较近 (30 cm), 也仅仅得到 65% 的填充因子。

这意味着实际的填充因子较小, 并且激光功率需要根据所选距离从 $(1/0.65 - 1) = 54\%$ 提高至 $(1/0.36 - 1) = 180\%$, 其中还没有考虑非理想光束及加工环境中可能带来的任何像差。然而实际应用还是有可能满足这两种极端情况的, 孔的直径可以通过增加/减小光束的连续输出功率来调节。只是, 通过这种方法调节孔的直径并不能得到很好的匹配。

需求综合的下一步是重新检查应用的几何结构。或许最好的做法是将输出孔径的直径从 1 cm 增加到约 1.5 cm, 这样将使目标上的光斑稍小, 由于浪费在目标区域外面的能量更少, 因此可以使用更低功率 (低成本) 的激光器完成该项工作, 进而降低单个钻孔成本。

此时的输出是另一个光束质量的限制因素, 即衍射极限孔径填充因子。现在根据目标平面要求可以很好地理解该问题, 并且已经根据 Strehl 比和目标上的光斑大小来限制光束质量参数。

3.2.3.2 例 2 (续): 激光反导

此处使用的数据仅供参考, 并非基于任何真正的导弹系统。反导系统使用直径 30 cm 的望远镜, 该望远镜带有直径 10 cm 的遮挡, 数学上用两个柱形函数的差表示 (式 (3.19)), 目标距离 5 ~ 10 km。目标直径是 5 cm 光斑。可以将望远镜的端面孔径与遮挡孔径相减来构造实际的通光孔径模型。所得到的傅里叶变换为从孔径中减去遮挡的变换, 如式 (3.19) 和式 (3.20) 表示了 5 km 和 10 km 处目标辐照度分布。目标平面处的填充因子由式 (3.21) 的交叠积分计算, 并且目标平面处辐照度分布如图 3.12 所示。

对于衍射极限情况, 由于示例中采用的几何形状很特别, 导致其填充因子很高。需要注意的是, 由于大气传输的影响, 会产生失真或抖动以及其他光束扩散效应, 因此实际扰动光束的填充因子比衍射极限情况下光束的填充因子低得多。故 10 km 传输距离的填充因子值得关注。由于第一瓣中心光斑外部的能量仅占总能量的一小部分, 对于 5 km 传输距离情况, 即使光束展宽了 40% (2.5 cm/1.83 cm = 1.366; 1.366 − 1 = 0.366 或 37%), 目标处的能量密度也不会明显减少。而对于 10 km 传输距离情况, 光束的任何展宽都会立即引起目标能量密度的下降。

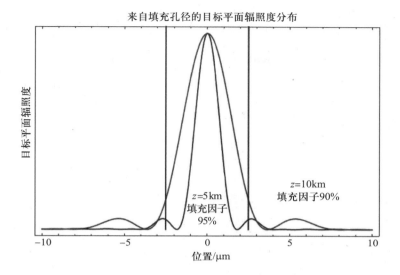

图 3.12   来自填充孔径的目标平面辐照度 (例 2)

该步骤还有助于确定所需的最小激光功率。通常来说，激光到达目标区域的能量，能够占总输出能量的 90% ∼ 95%，已经是最好的情况了。因此激光功率至少应比毁伤目标所需求功率大 10%。在下一步确定光束质量指标的过程中，也必须相应调整最小功率级别。功率和光束质量的考量通常是相互平衡的。高功率的解决方案还是高光束质量的解决方案的成本低，需由实际工程决定。

| **出射孔径平面平顶分布** | **靶面辐照度分布** |

$$I \propto \left(\mathrm{circ}^2 \left[\frac{r}{15\,\mathrm{cm}} \right] - \mathrm{circ}^2 \left[\frac{r}{5\,\mathrm{cm}} \right] \right)^2$$

$$I \propto \left(3\frac{\mathrm{J}_1 \left[60\pi\frac{r}{\mathrm{cm}} \right]}{r^2} - \frac{\mathrm{J}_1 \left[20\pi\frac{r}{\mathrm{cm}} \right]}{r^2} \right)^2 \tag{3.19}$$

当 $z = 5\ \mathrm{km},\ \lambda = 1\ \mu\mathrm{m}$

$r_{\mathrm{aperture}} = 2.5\ \mathrm{cm}$

目标处光斑尺寸 $= 1.83\ \mathrm{cm}$

$$I \propto \left(3\frac{\mathrm{J}_1 \left[30\pi\frac{r}{\mathrm{cm}} \right]}{r^2} - \frac{\mathrm{J}_1 \left[10\pi\frac{r}{\mathrm{cm}} \right]}{r^2} \right)^2 \tag{3.20}$$

当 $z = 1\,\mathrm{km}$, $\lambda = 1\,\mathrm{\mu m}$

$r_{\mathrm{aperture}} = 2.5\,\mathrm{cm}$

目标处光斑尺寸 $= 3.65\,\mathrm{cm}$

$$交叠积分 = \frac{\displaystyle\int_0^a 2\pi r I[r]\,\mathrm{d}r}{\displaystyle\int_0^\infty 2\pi r I[r]\,\mathrm{d}r} \qquad (3.21)$$

其中 $a = $ 目标半径 $= 2.5\,\mathrm{cm}$

3.2.4 孔径 – 目标 – 光束的合理边界

该步骤为图 3.2 中的需求综合过程的决策循环。它比之前的步骤更为主观,涉及的计算也相对简单。这里应考虑周期成本、形式、功能、可操作性和可维护性。在该步骤中,多数谨慎的工程师,主观上都会受到上述因素的影响。光束质量只是众多可以描述一个完整系统的指标中的一个,但它影响其他所有的指标。例如,光束质量较差的高功率激光器,其泵浦系统光学元件的热负荷会增大,从而增加激光器的尺寸、重量和单次发射成本。对于光束质量较好的激光器,虽然前期成本高,但是其运行和维护成本较低。考虑到激光系统的预期寿命,较低的运行成本所节省的资金总量可能会弥补购买光束质量较好的激光器所多花费的开销。因此不要害怕重访需求,应根据前两次计算重新评估目标范围、出射孔径和发射持续时间。接下来的部分将进一步讲解在目标并不明确的情况下,如何进行重新评估。

3.2.4.1 例 1(续):激光烧蚀

3.2.1.1 节和 3.2.2.1 节中的最小有效光束曲线表明,近距离、紧聚焦光斑的小功率激光器更适合完成例 1 的任务。较近距离的紧聚焦光束在目标靶外浪费能量较少(最大填充因子为 65%)。峰值功率的硬截止值为 $3.42\,\mathrm{kW}$(见图 3.3)。谨慎考虑,应该购买能量稍高于标准的激光器,其原因有两个:①半导体泵浦光纤激光器的功率随着使用时间的增加而降低;②最大填充因子的限制。因此,需要购买峰值功率至少为 $3.42\,\mathrm{kW}/0.65 = 5.3\,\mathrm{kW}$ 的激光器。在这样的功率条件下,传播距离为 $30\,\mathrm{cm}$ 时最大 Strehl 比接近 1,因此在允许特定类型激光器的条件下,提出尽可能高的光束质量要求。在与潜在的激光器供应商的讨论中了解到,就当前讨论的功率水平而言,激光器的 M^2 值能够达到 1.5。在这种结构中,M^2 是目标处的实际光斑半径与衍射极限光斑半径的比值，因此即使是图 3.11 中的衍射极限光束，实际上其填充因子也仅为 38%，如图 3.13 所示。

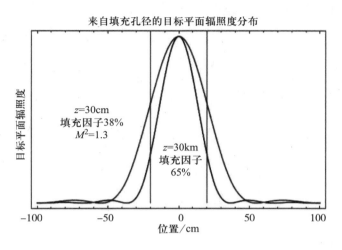

图 3.13　光束质量对填充因子的影响（例 1）

与激光器供应商的进一步讨论表明，如果需要将功率从 5.3 kW 增加到 $3.42/0.38 = 9$ kW，则只能提供 M^2 最优值为 2 的激光器。如果工程部门对孔径的要求可以从 1 cm 放宽到 1.5 cm，就可以购买一个商用的成品激光器来完成这项工作。注意，由于焦距保持不变，可以应用式 (1.9) 得出结论，如果增大出射孔径平面处的光束直径，那么在目标平面上的光斑直径将减小。因此，可通过将出射孔径的面积增加 1.5 倍来补偿不到 1.5 的 M^2 值。于是，在与激光器生产制造部门和采购部门研究实际方案的会议中，提出了两个方案：要么支付制造部门研发费用，用于研发生产 M^2 为 1.5 的 9 kW 激光器；要么购买现有的激光器成品，但是需要增加该激光器的出光孔径到 1.5 cm。最终讨论结果为，采用后一个成本较低的方案，不仅因为成品激光器购买成本低，还因为开发新激光器仅在调试上就将消耗超过 50% 的成本，并且新研制的激光器不具备可靠的研究经验。

下一步是完整记录所选的光束质量指标的信息。在进行这一步前，有几点值得注意。第一点是光束质量指标的选择，通常按照惯例需要选择 M^2；光纤激光器厂家倾向于使用 M^2 因子作为光束质量指标。在本例中，选择 M^2 是合适的，也没有必要选择其他的指标。在这种情况下，测试直接与目标光斑尺寸相关，而光斑尺寸与目标上辐照度的实际要求相关。第二点是，在做最终的决定时，需要考虑所有来自前两步中的信息，包括最大 Strehl 比、填充因子、传输距离等指标。通过对参数进行一些计算来约束问题，就可以节省数十万美元。

3.2.4.2 例 2（续）：激光反导

此处使用的参数不基于任何实际的导弹系统，而仅仅作为说明。与例 1 不同，以当前的激光发展技术，制造出可以毁伤导弹的激光系统并不难，因此此处的数值是否基于实际系统并不重要。重要的是，其所需技术与当前最先进的技术之间有多接近。另一个区别是，与例 1 相比，在本例中显著地增大系统发射孔径尺寸或改变传输距离更加困难。这是因为，对于基于移动平台的激光器，系统重量和体积是首要考虑因素，而且传输距离由任务需求决定，都不能随意增大。

3.2.2.2 节和 3.2.3.2 节中最小有效光束曲线再次表明，具有小光斑的低功率激光器比具有大光斑的高功率激光器能更好地完成任务。激光功率的硬截止值是 19.6 kW（根据式（3.6）和图 3.5）。最低填充因子为 90%，因此可用激光器的最低功率为 19.6 kW/0.9 = 22 kW。从图 3.10 可以看出，激光器功率为 22 kW，传输距离为 5 km 时的最大 Strehl 比约为 0.35，而传输距离为 10 km 时，Strehl 比约为 0.63。这意味着目标上的峰值辐照度明显低于预期，进而使功率需求增加到 22 kW/0.35 = 63 kW。在这一点上，应与任务规划者进行讨论，确定传输距离为 10 km 的要求是否不可更改，因为传输距离是系统功率的决定性因素，进而成为系统尺寸和重量的决定性因素。针对本例，假设它是一个不可更改的要求。即假设 10 km 的传输距离是必要条件。

接下来，与光束控制专家和大气专家的讨论表明，我们可以预测出，由于大气效应的影响，光束将被展宽 1.8 倍。与三家可能进行合作的激光公司进行沟通后表明，仅当前激光器研究水平来看，满足需求的激光器的 VPIB 值大于 3，但是有一种新技术，有望将 VPIB 值降低到 2。VPIB 与类似于 M^2 的光束质量指标的混合使用，用于描述由于抖动引起的光束宽度加宽现象是不合理的。VPIB 是与功率相关的量，而 M^2 是与光束宽度相关的量。因为在生成需求的过程中，使用的是理想的高斯光束，对此可以使用 4.1.1 节中光束的转换公式对其进行转换。我们可以意识到 VPIB 值为 2.0 大约等价于 M^2 因子为 1.9。因此，预期总的光束扩展为 $1.9 \times 1.8 = 3.4$。将图 3.12 中的光束宽度增加到原来光束宽度的 3.4 倍，效果如图 3.14 所示。填充因子从 90% 和 95% 下降到 69% 和 40%。这表明完成任务所需的功率需求再次加大，传输距离为 10 km 时，最大功率/最大

Strehl 比/最大填充因子 $= 19.6\,\text{kW}/0.69/0.4 = 71\,\text{kW}$；传输距离为 5 km 时，$19.6/0.35/0.69 = 81\,\text{kW}$。有趣的是，一旦考虑了光束扩展，短距离目标的功率需求比较远目标的功率需求更大。

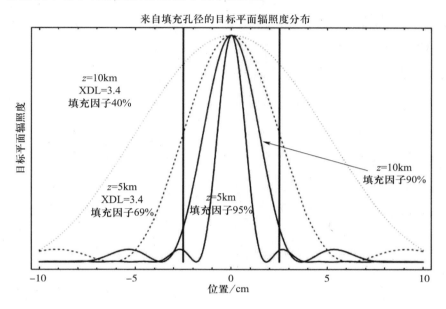

图 3.14   光束质量对填充因子的影响（例 2）

目前，将光束质量的 VPIB 值优化到低于 2 的成本十分昂贵，并且远远超出了实验计划。因此，更谨慎的办法是，将光束质量指标保持为预期水平，使得研制或购买激光器的风险较小。最终系统需求定为功率为 85 kW，VPIB 值为 2。

3.2.5   选择和记录指标

现在我们有两套光束质量需求。激光烧蚀示例规定光束的 M^2 值为 1.5，脉冲峰值功率为 6 kW。反导激光器需要 VPIB 值为 2，激光器连续输出功率 85 kW。注意，出于本示例的目的，暂不指定激光脉冲频率和总效率等参数。但在完整的激光器规范中，是需要这些参数的。此处，只关注光束质量参数。

如果在合同中只规定 "M^2 为 1.5，激光器脉冲功率为 6 kW" 或 "VPIB 为 2，激光连续输出功率为 85 kW"，由于缺少细节的规定，因此很可能依然无法获得能够完成应用任务的激光器。因此需要进行规范分析，对所有细节进行规定，并创建一个光束质量规范，清楚地告知激光器制造商我们到底需要什么。

3.3 规范分析

规范分析过程如图 3.15 所示。括号内的数字指的是章节编号，相关章节将更详细地解释各自的过程。第一步是需要确定所研究光束的参考光束。需要参考光束参数的指标如下：

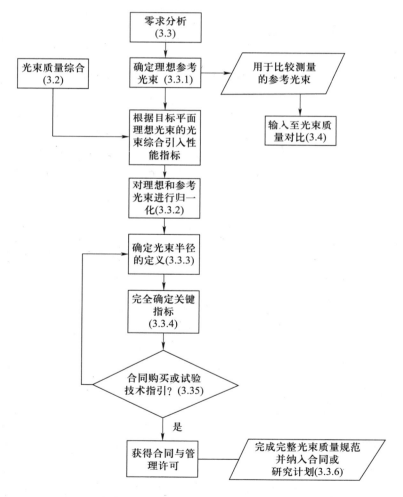

图 3.15　规范分析

（1）M^2；

（2）VPIB（横向桶中功率）；

（3）HPIB（纵向桶中功率）；

（4）BPP（光束参数乘积）；

（5）Strehl 比；

（6）功率与光束质量平方的比值（伪亮度，4.1.5 节中将提及）。

不需要参考光束参数的指标如下：

（1）亮度（1.9.7 节）；

（2）中心亮斑功率；

（3）目标区域（3.6 节）；

（4）PIB 曲线。

下一步是合并在需求综合阶段所选择的指标，并确定实际光束与参考光束比较的基本原则。后续步骤为确定光束半径的定义，最后对一些关键指标进行详述。在进行这个步骤前，应该获得所有相关人员的管理、合同和技术支持。然后，该规范可以完整记录并纳入到合同文件中。关于光束质量规范通常需要 1 ~ 2 页。所有的计算和进行各种选择的理由都应该存档作为参考。

本节列出了需要回答的问题清单。在该步骤结束时，将使用激光烧蚀和激光反导的示例来展示一个完整规范的构成。

3.3.1 确定参考光束

与规定衍射极限相比，规定参考光束具有更明确的意义。在参考光束的规定过程中，没有必要去讨论哪一种光束是真正最高效的传输光束，因为规定的参考光束只是为了与实际光束进行比较。需要确定以下参考光束特性和设置：

（1）形状：高斯、平顶、遮蔽平顶、超高斯等。

（2）尺寸：由特定方法定义的光束半径（二阶矩、硬截断、第一暗环等）。

（3）测试或计算结果。

可以通过计算获得参考光束，也可以购买一台激光器并规定其为参考光束。数学计算获取的参考光束的优点是成本低。当实际测量光束参数时，数学计算获取的参考光束不受光学链路中的系统误差和像差的影响，因此这些误差包含在光束质量测量过程的误差之中。物理参考光束与待测光束通过相同的光学系统链路，因此两光束的系统误差相同（不包括功率相关误差，例如 D 型反射镜的光学薄膜（见 3.3.4 节））：

（1）目标平面性能指标。

（2）由 PIB、峰值辐照度和亮度等参数决定的光束质量。

（3）积分时间间隔。

积分时间间隔至少应为所使用的探测器的积分时间，但也可以指定较长的时间。重要的是，积分时间越长，测量的光束质量结果中包括的抖动越多。

3.3.1.1　例：高斯光束归一化

高斯光束的一般形式是

$$I, E \propto e^{-\left(\frac{r}{a}\right)^2} \tag{3.22}$$

如果选取辐照度的二阶矩半径作为半径 a，则高斯等式为

$$I \propto e^{-2\left(\frac{r}{w}\right)^2}, \quad E \propto e^{-2\left(\frac{r}{w}\right)^2} \tag{3.23}$$

辐照度方程可以归一化为峰值辐照度如式（3.24），或峰值场如式（3.25），或总功率如式（3.26）。对于每个归一化，表达式稍有变化：

$$I = I_0 e^{-2\left(\frac{r}{w}\right)^2} \tag{3.24}$$

$$I = \frac{nc\varepsilon_0}{2}|E_0|^2 e^{-2\left(\frac{r}{w}\right)^2} \tag{3.25}$$

$$I = \frac{2P}{\pi w^2} e^{-2\left(\frac{r}{w}\right)^2} \tag{3.26}$$

式（3.26）可以通过积分来获得，即

$$P = \iint_{r=\theta=0}^{r=\infty; \theta=2\pi} Ir\mathrm{d}r\mathrm{d}\theta \tag{3.27}$$

3.3.2　确定实际光束和参考光束之间的比较基础

为了将实际光束与参考光束进行比较，两个光束的功率和大小必须遵守某个相同的比较基础。在对功率进行归一化时，可以使用峰值功率、峰值场强、峰值辐照度、孔径平面中总的积分功率、作用到目标上的总功率、从孔径发射的总功率等参数。

光束的尺寸可以在以下任意一个平面内进行归一化：目标、出射孔径或激光器孔径。可以使用任何一种光束半径测量方法，来描述光束半径的

相等。例如，ISO 关于 M^2 的标准中，关于出射孔径处的实际光束与参考光束二阶矩半径相等的描述，就隐含了光束的归一化。隐含的功率归一化是无量纲的，因此峰值功率一致。

对归一化的说明也至关重要，因为在使用不同的归一化方法时，得到的结果参数可能会有 2～3 倍的差别。表 1.8 及相关讨论表明，不同的光束半径定义及比较方法，可能会导致定义不当的光束质量指标产生 15 倍的变化。6.4 节中探讨的例子表明，订立合同前的预期与订立合同后的说明，相差能够高达两倍。

另一个需要注意的重点是截断。高斯和超高斯光束没有明确的边界，这意味着，数学上它们产生于无限大的孔径。这就是一些团体放弃使用它们作为参考光束的一个原因。从衍射的角度看，高斯光束似乎是理想的，但是为了获得理想的教科书般的表现，高斯光束必须从尺寸至少为类似平顶光束二阶矩半径三倍大的孔径出射。如果在平等的条件（例如，其出射孔径处有相同的二阶矩半径和相同的二阶矩截断）下比较平顶光束和高斯光束，实际上高斯光束并不适合远场能量传输应用。在 6.3 节中将对该问题进行全面的讨论。一般原则是，仅在不需考虑孔径的情况下，使用高斯光束作为参考光束。

3.3.3　确定光束半径的定义

必须确定光束半径的定义方法：二阶矩法、最佳高斯拟合法、硬截断法（例如 HWHM）等方法。如果使用硬截断法定义光束半径，截断比例如何确定？光束的半径由相机测量还是由一系列精密的光阑测量？如果使用相机，相机的积分时间是多少？长积分时间会将扰动平均到光束质量的测量结果中；短积分时间将会快速的获取光束的"快照"，允许通过跟踪快照的质心来单独计算抖动。如果使用一系列精密的光阑，则必须指定光阑的对准步骤和光阑的尺寸。

3.3.4　完全确定光束质量测量的关键指标

必须对确切的过程、实验装置和处理原始数据的方法进行完整说明：
（1）背景去除：
①四点法：去除探测器阵列四个角点的值（该方法将影响到实际中散射到相机边缘的非噪声光子的测量）。
②暗电流平均噪声。

③暗电流二阶噪声。

（2）孔径和目标平面光束半径测量规定：

①相机分辨率、像素大小和积分时间。

②精密光阑序列：尺寸和定心步骤。

③原始数据计算过程。

（3）孔径和目标平面功率测量规定：

①功率计类型。

②楔板及 D 型反射镜的校准。

③积分和系统预热时间。

（4）光束中心确定过程：

①通过峰值功率确定，几何平均或加权质心。

②通过孔径出射最大功率确定；如果采用这种方法，应该使用何种尺寸和形状光阑？

（5）目标平面或孔径位置：

①最佳焦点（通过计算还是曲线拟合？）。

②标称焦点（制造商指定的镜头焦距）。

③目标和孔径平面之间的特定距离。

④如果存在像散，选取子午面焦点、弧矢面或者是最佳聚焦点？

3.3.4.1 相机规范

相机最重要的指标是积分时间。大的积分时间可以将更多的抖动平均在光束质量测量中。短的积分时间则能够将抖动与光束质量测量分离。有些相机带有自动增益，在测量中应该关闭其自动增益。一些相机带有用于噪声补偿的手动调零电子装置。对于没有此功能的相机，在数据采集后其配套软件需要给出虚拟零点。相机类型和处理噪声的方法可能也需要写入规范中。最后，购买者可能希望在规范中包括相机的分辨率（10 位、12 位等）、最大像素尺寸和可接受的暗电流噪声等信息，这些信息仅对与光束二阶矩半径相关的指标或者其他易受噪声影响的指标来说是必须的。

3.3.4.2 精密光阑

将一组精密光阑（见图 3.16）置于探测器前，是测量环围功率的可行办法，该方法可用于 PIB 或高斯型最佳拟合的测量。光阑的背面必须带楔角。当实际束腰正好在孔径前面时，直孔更容易在孔的侧面反射光束，如图 3.17（b）所示。这将导致：①实验人员会将小孔置于焦点之后，而非焦

点之上；②小孔表现出的孔径尺寸将大于小孔的实际孔径。楔形孔的倾角
（图 3.17（c））应大于被测光束的预计发散角，并且应被写入光束质量的
合同条款。小孔应选择具有较小热膨胀系数的材料，以避免膨胀或融化。
热导率较高的材料也适合作为小孔材料。根据使用环境，黄铜、钢、铝或
者铜都可以用作加工精密小孔的材料。为了防止小孔的损坏，一些系统中
可能会使用到 D 型反射镜。

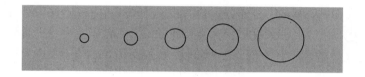

图 3.16　一组精密光阑

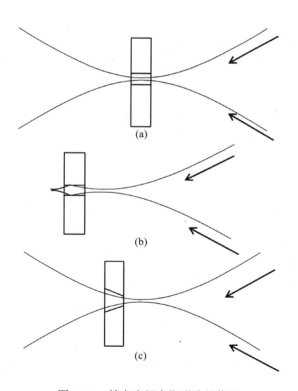

图 3.17　精密光阑中楔形孔的作用

（a）无凹槽，光束中心通过小孔；（b）无凹槽，光束中心偏离小孔（c）有凹槽，光束中心偏离小孔。

3.3.4.3　计算过程

所有探测系统都存在需要平均掉的暗电流噪声。并且在计算中，并不需要使用所有的相机数据。因此需要对噪声的补偿及数据窗口的选取做出特别说明，使用二阶矩对半径进行计算时更是如此，因为二阶矩半径对噪声非常敏感。数据是否经过任何形式的匀化过程的处理？如果是，则需对其进行特别说明或禁止。如果需使用波前探测器测量近场相位，则需特别说明其测量数据是否能直接用于计算，或是必须使用 Gerchberg-Saxton 算法对波前进行重建。关于波前探测器的局限性的更多信息，可参见 1.9.4 节。

另一个可能需要特别说明的是，在进行桶中功率（PIB）或其他硬截断测量或计算时，所使用的"桶"的形状及尺寸。如果近场是非径向对称的，那么就可能需要考虑使用椭圆形或矩形的"桶"。

3.3.4.4　功率计

在刀口法或精密孔径法中，通常会用到功率计。在低能量应用中，应使用经过美国国家标准与技术研究所（NIST）校准过的商用功率计。在高能量或高功率应用中，其能量或功率会超过商用功率计的量程，因此需仔细考虑其结果的可追溯性，首要考虑的即是功率计的积分时间。热释电探测器的响应较慢，因此如果所测量的光束能量及光束质量变化较快时，则不适宜使用热释电探测器。一些商用热释电探测器会使用软件对得到的数据进行外推，因此在探测头达到热平衡之前，就能够得到一个稳定的数值。在光束质量参数测量中，应避免这种数据外推。使用热释电探测器对光束质量测量时，所采取的时间标度应与探测头的热平衡响应时间相匹配，每个测量点通常为数十秒。探测器的积分时间，同时也影响了在光束质量测量中所包含的残余抖动多少。

3.3.4.5　D 型反射镜及光楔的可追溯性

在高能激光系统中，由于高能激光会加热光学元件，因此需要首先考虑高能激光系统中 D 型反射镜和光楔的可追溯性。对于高能激光而言，通常的校准程序为，使用低能量光束通过 D 型反射镜或光楔，然后测量透过与反射能量的关系。当这个过程用于高能激光时，假定反射百分比保持不变。但是如果光楔经过镀膜，那么对于高能激光可能并非如此。如果光学膜系被加热，膜层发生膨胀，其反射率则会发生变化。基于此原因，在高能激光中应使用没有镀膜的光楔。

3.3.4.6 光束质量测量条件

系统的预热时间需与预期用途中的预热时间一致。如果激光器预期用于全天候（每天 24 h、每周 7 天，24/7）使用，或用于实验室使用，允许每天开机后能够预热 1 h，那么光束质量的测量条件则较为宽松。如果预期激光器需要开机之后很快就要使用，或预热时间较短，那么光束质量必须在相似的条件下进行测量。

基于同样的原因，也必须在与预期用途一致的时间间隔内，对光束质量进行测量。工业激光器从开机的一刻起一直到一整天，都应工作在完全相同的工作状态下，因此需在其开机工作数分钟乃至数小时的时间内，对其光束质量进行采样测量。实验室中允许预热的激光器，其光束质量测量条件也较为宽松。对于工作时间只有数秒的激光器，开机后需在预计工作的数秒中对其光束质量进行测量。有些情况中，甚至指定了开机前须将激光器加热或冷却至工作温度。如果激光器需工作在极高温、极低温、低压或者振动环境中，那么就需在类似环境中对光束质量进行测量。

如果需要考虑激光抖动，那么测量过程需特别说明。激光抖动能否通过快速机械转镜补偿？对于快速机械转镜，如果其带宽与最终系统中应用的预期带宽相同，则其具有可追溯性上的优势。另一个补偿激光抖动的方法是，通过计算方法，对于每一帧重新计算其光束中心。第三种方法是，在所有测量中都不补偿抖动，从而将抖动包含在光束质量的测量之中。

3.3.4.7 光束中心对准过程

通常将光束与光阑中心对准的方法是，使用光阑扫描光束截面并检测透过光阑的能量。这样对准的光束中心，是包含有最大透过能量的孔径。在光阑中心的不一定是光束的中心，也不一定是光束的峰值。如果预期光束为像散光束，则准直孔径的尺寸及形状需进行特别说明。

如果使用的是相机而非精密光阑，那么使用相机原始数据确定中心的过程需特别说明。例如，如果要计算桶中功率，那么"桶"中心选取的是光束的中心，是透过能量最大的中心，还是峰值或加权质心？

3.3.4.8 焦平面/束腰位置确定过程

当光束中心对准后，确定光束质量测量仪器中焦平面或束腰的位置的方法也需进行特别说明。焦平面是否能通过标称的焦点（例如，制造商标称的焦距）或最佳焦点确定？焦点位置能否通过一系列光束半径测量结果计算得出？如果能，使用的是哪种光束半径参数？束腰位置是否能够被用作焦点位置? 如果光束带有像散, 那么应该取子午焦点还是弧矢焦点, 或是两焦点的中间? 值得注意的是, 对于波长从可见光直至近红外的准直激光光束而言, 如果使用焦距较小的透镜, 那么焦平面与束腰位置几乎是在同一位置上, 但一般情况下并非如此, 详见附录 A.3 节。

在一些应用中, 激光器会在测量的过程中达到热平衡。这适合于短时运行系统和超高能量的系统, 如聚变激光器。如果在测量过程中, 增益介质或光学元件序列中存在任何未补偿的热透镜, 那么焦平面或光束腰斑则没有固定的位置。这会自动排除需要多次测量来确定腰斑位置的任何指标, 例如 M^2。其也可以使光束质量是与时间相关的量。

3.3.5 取得规划技术及合同订立

一旦确定了所有的细节, 那么就可以寻找相关技术专家寻求反馈、变更以及采购了。通常, 很多人会怀疑所有这些 "小" 细节是否真的有用, 并且说 "不是每个人都采用这种方法吗? " 对于这些怀疑者的回答是, 所有的这些细节都很关键, 并且存在许多不同的方式来计算所有的参数。如果不制定细节, 那么默认的方法就是 "得到光束质量参数最小的那种方法"。在 6.4 节中作为反面例子的工业案例告诉我们, 在一个模糊度量的预期解释和实际解释之间, 2 或 3 个数量级的差别并不罕见。

一旦买卖双方达成了技术购买协议, 那么就应该起草及签订合同了。合同技术细节通常以附录的形式附在合同之后, 合同管理部门可以将这些技术细节写成合同语言。在合同谈判的过程中一定要记住, 稍稍改变光束质量的定义远比实际提高激光器性能要容易得多。

3.3.6 完整的光束质量规范文件

一旦确定购买意向, 那么就需要对光束质量标准形成完整全面的规范文件。以下将对 3.2 节中两个例子的需求综合进行举例说明。

3.3.6.1 例 1: 激光烧蚀示例的光束质量标准

以下是针对激光烧蚀应用 (例 1) 的光束质量规范的例子。由于激光器是用作工业用途而非在单纯的实验室环境中使用, 因此需要增加其对于环境及预热时间的额外要求。激光器必须在启动之后立即工作, 并且持续运行。由于功率与光束质量之间关系密切, 因此在规范中也对功率测量进行了说明。在规范中有两项条款 (1) ⑩ 及 (2) ⑥ 用以确保功率及光束质量所对应的是激光光束的同一部分，6.4.6 节中讨论了没有这种约束条款的情况。

激光光束质量应满足 $M^2 < 1.5$，在采取以下方式测量时，应满足由激光器出光孔径出射的激光单脉冲总功率大于等于 5.3 kW：

（1）除以下各条外，M^2 应根据 ISO 11146-1 中所述测量方法进行测量：

①光束质量应首先在开机后立即进行测量，并且在开机前应保证激光器及测量设备均处于未使用状态 8 h 以上。使用本条替代 ISO 11146-1 中 7.1 节中所述的要求激光器预热 1 h。

②在光束质量测量过程中，应允许环境温度在 $60 \sim 85°F^①$ 之间波动，并且整个测量过程应处于平均强度为 90 dB 的工业白噪声之中。噪声水平及环境温度应与光束质量数据一同记录。使用本条替代 ISO 11146—1 中 6.3 节中所述环境控制要求。

③后续应以 5 min 为间隔进行测量，并且总测量数据应以此为间隔，在至少 2 h 时长内采集的一系列数据。使用本条替代 ISO 11146—1 中 7.1 节中所述的重复进行 5 次测量。

④经过后续的 2 h 测量后，应以 30 min 为间隔进行测量。使用本条替代 ISO 11146—1 中 7.1 节中所述的重复进行 5 次测量。

⑤提供所有原始数据及计算过程用以验证。原始数据应根据独立评估的要求以电子文档形式提供。

⑥应在连续两天内对光束质量进行如上所述的一系列的测量，并且在两天内不能对激光器进行维护、调整或准直。使用本条替代 ISO 11146—1 中 7.1 节中所述的重复进行 5 次测量。

⑦不应使用旋转分划板、刀口法或其他 ISO 替代测量方法进行测量。测量只能够使用积分时间小于 100 μs 的光学相机。

⑧在计算光束中心及二阶矩前，应首先对数据在 2.0 s 的周期内进行平均。每个 2.0 s 周期窗口内的所有数据都应包含于平均值内。只需对均值进行记录。

⑨所有包含在条款①、②及④内的光束质量测量 M^2 值都应小于或等于 1.5。不应对 M^2 测量数据进行平均或挑选。将采用基于此标准得出的最大 M^2 值对光束质量进行评估。

⑩在功率测量记录中使用的所有的光束部分，都需应用于光束质量测

---

① $1°F = \dfrac{5}{9} K$。

量中。

（2）脉冲功率应采取以下方法测量：

①在最终使用的功率计中，应使用 NIST 校准的积分球进行测量。

②在功率测量中使用的光学元件序列，其对激光波长外的辐射透过率应小于 $1/10^6$，以避免泵浦杂散光进入功率计。

③应对 2.0 s 内的脉冲数目进行测量及记录。

④应在 2.0 s 时间周期内，对激光器出射孔径出射的处于激光波长范围内的总能量进行记录。

⑤脉冲功率应定义为 $\left(\int_0^{t_0} P[t] \mathrm{d}t \right) / N_t t_0$，其中 $P[t]$ 是瞬时激光功率，t_0 为 2.0 s，N_t 为 2.0 s 内的脉冲数目。

⑥只有用于光束质量测量的光束部分，才应该用于功率测量的记录。

3.3.6.2 例 2：反导系统示例的光束质量规范

以下是针对反导弹应用（例 2）的激光器规范的例子。以下使用的所有数据只用于示例，并不基于任何导弹系统。相比于 3.3.6.1 节所述的规范，本节所述的规范需要增加更多的细节，因为本节的规范并不基于任何国际标准参数。本例中的激光器将用于短时工作以及采用主动光束控制系统，因此规范中应包含有一系列的基于时间的测量，用以对功率及光束质量的稳定性及抖动进行表征。激光器很有可能会工作在温度剧烈变化及极端振动的环境中，但由于成本原因，这些将不写在规范之中。采购方将承担激光器不能在任务环境中正常工作的风险。

根据如下标准，通过纵向桶中功率测量得到的光束质量应不小于 1.5，并且出射功率应不小于 85 kW：

（1）VPIB 应遵循以下方法进行测量：

①VPIB 定义为：参考光束束腰处 $1.0\lambda/D$ 半径圆域内所包含的总功率与实际光束在同样区域内所包含的总功率比值的平方根。

②λ 应为输出激光光谱的峰值波长。

③D 应为在激光出射孔径平面上，包含记录输出功率的最小圆的直径。

④参考光束应为圆形平顶光束，具有均匀光强及恒定相位，其直径与在激光出射孔径平面上包含所记录输出能量最小圆的直径相等，其中心也与该圆重合。应使用傅里叶方法对参考光束的传播进行计算，其传播路径应与实际光束相同，也应通过用于测量所需的所有光学元件。

⑤应遵循以下条款对 VPIB 进行多次测量：

a. 在首次测量前，应保证激光器与其他测量仪器均处于未工作状态至少 8 h 以上，并且不应进行任何预热或尝试使激光器达到热平衡的操作。首次测量应在达到标定输出功率（8.5 kW）10% 的 100 μs 内进行。

b. 后续应以 1.0 ms 为时间间隔，在 20 s 时间内对其进行测量，共包含 20000 个数据点。

c. 条款 b. 中所记录的 VPIB 最大值应记录为本次工作的 VPIB 值。

d. 激光器允许在无维护或准直的情况下，闲置 5 min。

e. 上述 a. 至 c. 的测量顺序应在一天的测试过程中重复不少于 10 次，且不允许对激光或测量装置进行调整、准直或维护。

f. 在下一个计划的测试日期重复上述 a. 至 e. 的测量流程，其间无须对激光器进行维护、调整或对准。

⑥在测量过程中，应对激光器所处环境温度进行记录。

⑦用于测量积分功率及光强分布的相机或探测器，其积分时间应小于 50 μs。

⑧对于每一个激光脉冲，都应计算其光束中心。其光束中心的偏差应记录为激光抖动。

⑨所采集的每一个激光脉冲都应对其积分功率进行测量。功率测量结果的均方根应记录为激光功率稳定性。还应记录和报告每个激光脉冲的最大和最小激光功率。

⑩光束轮廓及 "桶" 的尺寸需根据数字相机的输出结果计算得出。

⑪所有楔板及 D 型反射镜均应使用未镀膜的熔融石英制成。楔板及 D 型反射镜的反射率应在低功率下测量，然后在高功率下测量。反射率数据也应记录并报告。

⑫应记录和报告大功率测量和快速检测器的转换因子的可追溯性。

3.4 对比性光束质量指标

对比性光束质量指标应当在开发方案之前公布，并且能够将所关注的激光器与其他激光器进行比较。重点是对比标准应清晰明了，避免使用一些模糊的概念，例如 "衍射极限" 或 "标准方法"。避免使用一些只针对特定某一类激光的指标，例如适用于稳腔输出的 M^2，或适用于激光阵列的阵列填充因子。表 3.1 给出了一些将模糊概念转换为技术文献的例子，表格右侧为对左侧的模糊术语的解释。

表 3.1 技术文献中的光束质量报告

不恰当的表述	更好的表述
两倍衍射极限	在焦点及 2 个瑞利距离通过 FWHM 测量的发散半角为 $2.44\lambda/D \pm 5\%$
$M^2 = 1.1$	通过 ISO 11146-3 刀口法测量得到的 $M^2 = 1.1 \pm 1\%$
PIB 为 2.4	PIB 为 $2.4 \pm 5\%$，为垂直定义的均方根值，取 $1/e^2$ 点，参考光束为圆形平顶光束
$X\%$ 的功率处于 Y 倍衍射极限桶中	激光出射孔径处总积分功率的 $X\%$，位于束腰发散角为 $1.22Y\lambda/D$ 的桶中，其中 D 为出射孔径处包含 99% 的总积分功率的最小圆的直径

3.5　示例：与 VPIB 相关的一般规范

以下为一个与 VPIB 相关的一般规范的例子。

光束质量应定义为：在直径 $1.22\lambda/D$ 包围圆内，实际光束远场总积分功率与参考光束远场总积分功率的比值。其中：

（1）D 为包含系统报告功率的最小包围圆的直径。

（2）激光器孔径无中心遮挡。

（3）参考光束为强度均匀、相位相等且均匀填充圆形孔径的光束，其中圆形孔径的直径 D 如上所述。

（4）参考光束波长 λ 与实际光束相同。

（5）参考光束的表现行为应通过傅里叶传播法进行计算。

（6）腰斑位置应由小孔通过能量最大位置确定，并与测量结果一同记录。

（7）楔板及衰减器件在低功率及满功率下的可追溯性应与测量结果一同记录。

（8）测量应使用校准后的数字相机。相机类型、校准可追溯性及积分时间应与测量结果一同记录。

（9）报告中的比值应基于至少持续 5 s 的总发射时间内至少 10 个瞬时测量值，并且包括发射开始和结束时的瞬时测量值。

（10）每一个测量序列应从离开激光器孔径的第一束光子开始，直至离开激光器孔径的最后一束光子结束。如果在进行测量前激光器已经运行过一段时间，那么则认为这样的测量不具有代表性。

（11）每个测量序列都应从激光器静止待机状态开始，而不经过任何预热，并且在每次测量之后，应使激光器充分冷却，使得所报告的激光光束质量代表来自一个准备就绪的系统的激光脉冲。

（12）所报告的光束质量应包含在连续两天内进行的至少 10 次测量，并且期间没有对激光器进行过维护及重新准直。

（13）需对平均比值、单次测量值以及测量标准差进行报告，以表明所报告的数值能够代表激光器的性能，以及表明测量的可重复性。

3.6 示例：需求区域

本节给出另一个与实际相关的例子，其中涉及对于标准桶中功率曲线的一些创新性的应用（Ross 和 Latham，2006）。应用需求被叠加于曲线之上，并且将激光器性能与应用需求之间的叠加积分作为一个相对参数，并计算出来。为了说明其原理，从图 3.18 所示的目标平面上光束的截面轮廓开始介绍。图中为幅值为 1 的高斯光束，与高斯光束功率相同的"甜甜圈"模式光束（见图 3.2），以及功率为高斯光束功率 1.5 倍、峰值功率为其 30% 的圆柱平顶光束。由于是展示例子，所以光束形状及数值随意选取。三种示例光束的 PIB 曲线计算结果如图 3.19 所示。

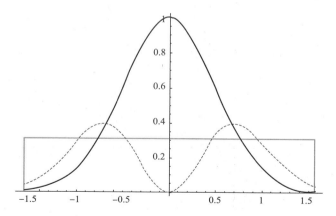

图 3.18　示例光束截面，分别为高斯光束（加粗线）、"甜甜圈"模式光束（虚线）以及平顶光束（细线）（Ross 和 Latham，2006）

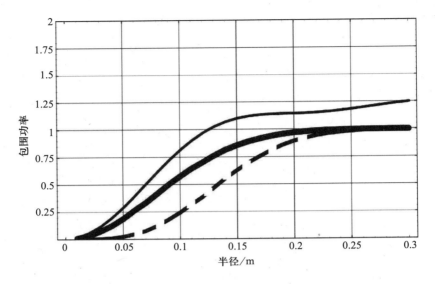

图 3.19 图 3.18 中各光束桶中功率曲线（Ross 和 Latham，2006）

接下来，注意到光强恒定或电场恒定的光束，其 PIB 曲线应为二次曲线。这些等值线能够叠加在标准 PIB 曲线上，如图 3.20 所示。然后，可以在图中画出实际应用中可接受的目标上的最大及最小光束半径，以及最小电场强度或光强，如图 3.21 所示。

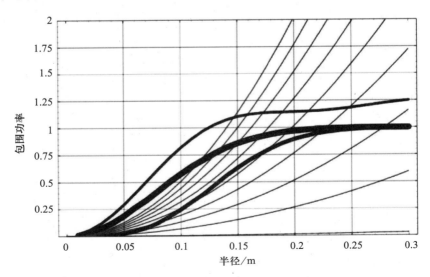

图 3.20 叠加在 PIB 曲线上的等光强或等场强曲线（Ross 和 Latham 2006）

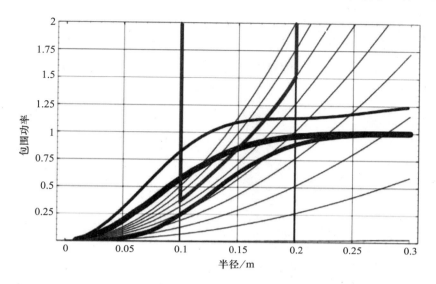

图 3.21　叠加在 PIB 曲线上的实际需求（Ross 和 Latham，2006）

　　应该注意到，应用需求曲线的形状取决于需求的"喜好"。图 3.21 中所示的曲线，适用于要求在目标上至少达到一个最小平均光强或场强的应用。而对于如 3.2.1.1 节中例 1 所述的需求，其需求曲线看起来会更像图 3.3 中所示的曲线，将其坐标轴翻转，并加上其下半部分，使需求曲线看起来像是半边的抛物线，并且与式（3.3）中的朗伯 W 函数相关。所以很重要的一点是，大多数涉及目标上光强、光通量或场强的应用需求，都能够将其需求叠加在 PIB 曲线上。由图 3.21 能够很明显地看出，平顶光束最能够满足应用需求，高斯光束次之，而"甜甜圈"模式光束则根本无法满足需求。但是对于非技术人员，这可能不是那么显而易见，因此如图 3.22 所示，可以通过计算叠加积分来显示需求区域或响应区域。所以，可以通过计算提供一个单值的评价图表，来表明某一种特定的光束能否很好地满足某一组指定的需求。

　　需求区域方法的另一个优势是，它能够表明一个特定系统满足需求的程度。一个单值的参数或需求只能够给出系统能或不能满足需求，或者说无法对功率与光束质量之间的权衡提供明确指导。

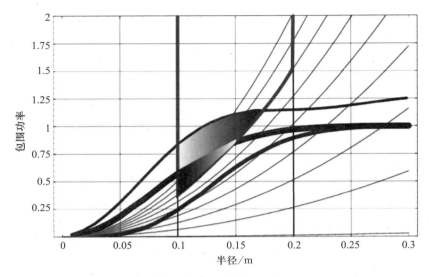

图 3.22 示例光束的需求区域（Ross 和 Latham，2006）

3.7 示例：系统光束质量指标

某个重大激光器研发项目采用以下光束质量指标：

（1）泵浦激光二极管的初始注入电功率为 X kW；

（2）在远场 $Z\lambda/D$ 范围内的桶中功率为 Y kW，其中 D 是包含标称功率的最小圆（中心与出射孔径中心重合）的直径。

该特定参数的优势在于其简单性及灵活性。激光器供应商可以在最大范围内获取功率、效率及光束质量。这种光束质量参数只关心产品的输出性能：指定光斑尺寸内的功率。其唯一限制是，由于没有对激光出射孔径做出特别规定，例如是否有中心光阑，因此研制的激光器可能并不适合某个给定的系统。如果系统的出射孔径是一个关键参数，那么就可能需要加上第三条。

（3）应满足能够传播至远场的功率，能够由直径为 R cm 的带有中心遮挡的孔径出射，中心遮挡直径为 S cm。

3.8 示例：核心及基座指标

通常假定，光束质量越差，其中心光斑扩散程度就越大，峰值功率也就越低。许多激光应用受限于远场散射，其中明确定义的中心亮斑并不随光束质量变差而扩展，而是伴随着更大角度的散射，其角度之大可能使光束完全偏离目标。这种系统的最好描述方式，即通过"核心及基座"或"核心及损耗"这种参数。将一个最优的高斯光束施加在目标上，并通过数学方法使其反向传播至激光孔径位置。然后从近场光束中减去这部分光束，光束剩余部分可以认为是损耗，或者将其拟合成与二阶高斯。核心及基座指标通常用在大气传输的标度律计算中，该标度律用于计算激光光束在大气中的传播。

图 3.23 给出了一个八阶的超高斯光束，其可能是某种激光的近场强度分布。如果将此超高斯光束传播至适合的远场距离，并且经过适当平滑处理，其未受扰动的远场可能看起来与图 3.24 两条曲线中较高的一条比较像。如果在同样的光束上，添加 1/10 波长高斯分布的非相关相位噪声，其远场可能就会像图 3.24 中较矮的一条曲线。这种扰动光束与典型的中心亮斑扩散现象不同，典型的中心亮斑扩散是由高频空间噪声使得峰值功率降低所导致的。这种扰动光束的中心亮斑宽度与未受扰动的基本相同

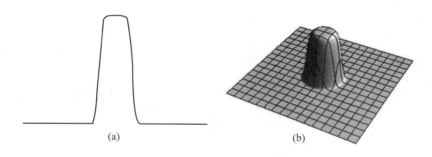

(a)　　　　　　　　(b)

图 3.23　八阶超高斯光束截面（a）及三维图形（b）

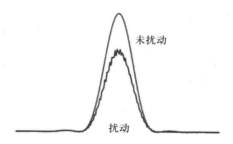

未扰动

扰动

图 3.24　未扰动及扰动八阶超高斯光束远场（扰动为 1/10 波长的高斯分布非相关相位噪声）

（二阶矩半径相差小于 0.5%），尽管如此，扰动光束还是减少了约 31% 的功率，这 31% 的功率在远场被散射。

采用中心功率损耗指标能够对这种激光器进行更好的模拟。例如有两种描述，$M^2 = 1.004$ 并且带有 31% 的功率损耗，以及 $M^2 = 1/\text{Strehl}$ 比$^{1/2} = 1.206$ 不带有损耗，前者的描述更为合适。只有针对 TEM$_{00}$ 高斯光束或者高斯包络的情况，上述这种 M^2 与 Strehl 比之间的一般关系式才能够成立，详见 4.1.2 节中的推导。如果希望对图 3.24 中曲线损失的 31% 的能量进行描述，那么也可对其进行高斯拟合，并使用核心及基座指标。

第 4 章

光束质量指标间的转换

本章将介绍如何在常用的光束质量指标之间进行转换。需要重点强调的是指标之间的转换过程通常需要关于光束和像差的附加信息。4.1 节将介绍用高斯包络方法描述的分解为高阶组模形式的高斯光束间的转换。4.2 节将介绍由相位及多种类型的幅度噪声所导致的光束形状退化的数值模拟结果。

4.1 高斯光束质量转换

许多教科书和标度规律分析都是基于高斯光束假设。对于这类光束，可以使用代数方程直接转换。要记住的一个重点是，本节提出的公式并非对任何情况都有效，而只适用于高斯光束和可以由高斯包络方法描述的光束集合。从实用角度看，高斯光束通常可以从其来源进行识别：具有球面镜的稳定谐振腔。本节中的推导将进一步涉及可以由高斯包络方法描述的光束退化，例如高阶模式和一些抖动。但不涉及由大气湍流、可变形反射镜的松弛、热晕、热变形、高空间频率散射或透镜像差所导致的光束退化，它们将会在 4.2 节的一般光束质量转换中进行讨论。

在随后的段落中：W、w 表示某个位置的畸变光束半径；W_0、w_0 表示参考光束的半径；$W(0)$、$w(0)$ 表示束腰位置，即聚焦光束中的最小光束半径。因此，$W_0(0)$、$w_0(0)$ 表示参考光束焦点处的最小光束半径。同时需要记住，对于零阶高斯光束及高斯包络光束，二阶矩半径与 HW1/e^2M 半径在数值上相同。而对于高阶模的高斯光束则不成立。本节讨论的光束半径专指二阶矩半径。

针对通用辐照度方程的转换形式由式 (4.2) 象征性地给出, 图形表示如图 4.1 所示, 其中 $M^2 = 2$:

$$w \to M^2 w_0 \tag{4.1}$$

$$I = \frac{2P}{\pi w^2} \mathrm{e}^{-2\left(\frac{r}{w}\right)^2} \to I = \frac{2P}{\pi M^4 w^2} \mathrm{e}^{-2\left(\frac{r}{M^2 w}\right)^2} \tag{4.2}$$

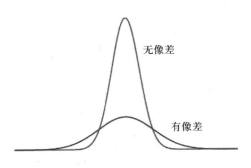

图 4.1 有像差的高斯包络 (式 (4.2))

需要注意的重点是, 式 (4.1) 和式 (4.2) 隐含采用的是关于高斯变换和传播的恒定发散角的视角 (实验室)。通常来说有三种视角: 实验室视角、照明视角及高斯包络视角。它们将在 6.1 节中详细讨论。若采用照明视角, 结果也是一样的, 但其退化光束将由更大的角度来描述, 即 $\Theta \to M^2 \Theta_0$。若采用高斯包络视角, 由于其参考光束是嵌入的高斯光束, 并非任何测量光束, 变换为 $W \to MW_0$, 故上述等式的结果将会不同。本节中的全部转换都将围绕 M^2 进行, M^2 是针对高斯光束最适合的光束质量指标。

4.1.1 高斯变换: VPIB

VPIB 是指测量光束与参考光束在 w_0 ($1/\mathrm{e}^2$ 点) 处的环围功率比, 即

$$\mathrm{VPIB} = \frac{\displaystyle\int_0^{w_0} 2\pi r I[r, w_0] \mathrm{d}r}{\displaystyle\int_0^{w_0} 2\pi r I[r, w] \mathrm{d}r} = \frac{1 - \mathrm{e}^{-2}}{1 - \mathrm{e}^{-2/M^4}}$$

$$\approx 0.3739 + 0.6261 M^2 + \text{高阶分量} \tag{4.3}$$

注意, 通常采用式 (4.3) 的平方根作为 VPIB 的定义, 且仍然称其为纵向桶中功率。采用平方根的定义, 除了有对于给定的光束其数值较小的优点之外, 要注意与它成比例的是 M, 而不是 M^2。

4.1.2   高斯转换：HPIB

HPIB 是包含总功率的 $1 - \mathrm{e}^{-2}$（86.4%）的测量光束半径与环围功率为总功率的 $1 - \mathrm{e}^{-2}$（86.4%）的参考光束半径的比，即

$$\int_0^a 2\pi r I[r, w]\mathrm{d}r = 1 - \mathrm{e}^{-2(a/M^2 w_0)^2} = 1 - \mathrm{e}^{-2} \tag{4.4}$$

对参考光束而言，$a = w_0$ 是包含总功率的 86.4% 的半径。观察式（4.4）可知，实际光束 $a = M^2 w_0$。故有

$$\mathrm{HPIB} = a/w_0 = M^2 \tag{4.5}$$

式（4.5）仅适用于高斯光束。实际上，对于非高斯光束和不符合高阶模式的退化光束，HPIB 与 M^2 的关系极小，表现也截然不同，这些将在 4.2 节中详述。各种定义形式的 PIB 与 M^2 之间的关系，如图 4.2 所示。注意，在 $M^2 = 1$ 至 $M^2 = 2$ 的范围内，VPIB 的值与 HPIB 和 M^2 相当接近，而 $\sqrt{\mathrm{VPIB}}$ 则不同。

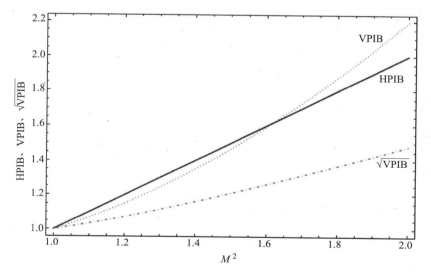

图 4.2   HPIB、VPIB 与 M^2 的比较

4.1.3　高斯变换：Strehl 比

Strehl 比是测量光束与参考光束的轴上辐照度峰值之比。在归一化式 (4.2) 中，峰值辐照度为除指数函数以外的常数，因此，有

$$S = \frac{\dfrac{2P}{\pi M^4 w^2}}{\dfrac{2P}{\pi w^2}} = \frac{1}{M^4} \tag{4.6}$$

由此，便得到一个更常见的关系，即 Strehl 比的平方根是 M^2 的倒数。这种关系只适用于可以用高斯包络完整描述的退化高斯光束，例如由连续的高阶模式和一些抖动所致的退化高斯光束。它不适用于因透镜像差、大气湍流、孤立高阶模、热失真或变形镜松弛的原因而退化的高斯光束。

4.1.4　高斯变换：相位扰动

Marechal 近似最近有了完整的理论基础 (Ross, 2009)，它将 Strehl 比 S 与包含足够高空间频率的高斯噪声的波前畸变均方根值进行联系：

$$S \simeq 1 - (2\pi\sigma)^2 + \cdots = e^{-(2\pi\sigma)^2} \tag{4.7}$$

式中：σ 是以波长为单位测量的波前畸变均方根。代入式 (4.6) 得

$$S = \frac{1}{M^4} = e^{-(2\pi\sigma)^2}, \quad M = e^{(\pi\sigma)^2} \tag{4.8}$$

4.1.5　高斯变换：亮度

亮度的变换与之前的变换相比更为微妙。要特别注意下标和代换。下标 s 和 t 分别代表源平面和目标平面。亮度 B 的通用公式是总积分功率 P 除以源的面积和对准目标的立体角，即

$$B = \frac{P}{A_s \Omega_t} = \frac{Pz^2}{A_s A_t} = \frac{Pz^2}{\pi w_s^2 \pi w_t^2} \tag{4.9}$$

要注意的是，式 (4.9) 中的区域是基于光束二阶矩半径来计算的，仅适用于高斯光束。下一步就是应用正确的变换，来得到光束半径。将式 (4.1) 代入式 (1.9) 得

$$w_s w_t \to M^2 w_{0s} * M^2 w_{0t} = M^4 \frac{\lambda z}{\pi} \tag{4.10}$$

若选择 6.1 节中所述的照明视角，则有 $w(0) = w_0$，进一步有 $W_s = w_{0s}$。再将式（4.10）代入式（4.9），得

$$B = \frac{Pz^2}{\pi w_s^2 \pi w_t^2} = \frac{Pz^2}{\pi w_{s0}^2 \pi \left(M^2 \dfrac{\lambda z}{\pi w_{s0}} \right)^2} = \frac{P}{M^4 \lambda^2} \qquad (4.11)$$

式（4.11）是推导出光谱亮度方程的根源，即在同等条件下，亮度与波长的倒数成正比。式（4.11）也是推导出一个常见错误描述的根源，即亮度等于功率除以光束质量（BQ）的平方。亮度虽然也可以等于 P/BQ^2，但要取决于光束类型和光束质量指标的选择。

最后顺便强调一点：上述公式仅适用于高斯光束及可由高斯包络完整描述的光束集合。若将 4.1 节中的公式应用于非高斯光束，则会导致许多误解和错误计算。事实上，对于高斯及非高斯两种光束，即使在特定半径或平面上的特定指标恰好相同，也不能说明这两个指标是相等的。

4.2 一般光束质量转换

一般来说，若不给出所涉及光束的类型信息，则不可能使用简单的代数方程来进行光束质量指标的互换。每种光束及像差类型所产生的影响都非常不同，因此想获得一一对应的类型关系以及类似 4.2 节中的简单公式是不可能的。但我们可以做大致的观察并对常见光束形状和像差的各种案例进行研究。本节将探讨针对含有不相关相位噪声和不相关幅度噪声的光束质量转换。由 Zernike 多项式、大气湍流和热晕导致的像差也是值得研究的，但在本书中不做讨论。

4.2.1 光束质量指标与非相关高斯相位噪声的关系

本节以波前畸变的均方根为单位进行测量，研究显示了如 M^2、Strehl 比、中心光斑功率、VPIB 和 HPIB 的各种光束质量指标与非相关高斯相位噪声之间的变化关系。这种噪声类似于高湍流或闪烁效应。研究中使用了 Mathematica 软件来进行计算，使用 512×512 和 1024×1024 的阵列及傅里叶传播法。每个阵列都用零填充，并使得非零部分是阵列宽度的 $1/6$。另外，为消除混叠误差，只有当 512×512 阵列与 1024×1024 阵列的计算结果相同时才进行报告。由于相位噪声不相关，故其最大空间频率为 $1/N$，其中 N 是阵列的维数。选择的波束形状为高斯，4、6、8 和 10 阶

的超高斯, 圆形平顶及方形平顶, 如图 4.3 所示。

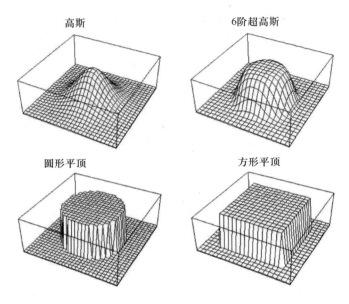

高斯   6阶超高斯

圆形平顶   方形平顶

图 4.3   相位噪声研究的光束样本

本节中光束质量指标的定义多数来自 2.9 节, 此外还包括了截止值为 $1/e^2$ 的用于高斯及超高斯的中心光斑功率。同时也包括 $\sqrt{\mathrm{VPIB}}$ 的定义 (见 1.9.2.2 节)。

4.2.1.1   Strehl 比与波前畸变

图 4.4 显示了各种光束 Strehl 比与 WFE 的关系。所有的光束形状都较好地遵循 Marechal 近似。正是此研究计算及噪声分布数值实验的一部分给了作者启发, 从而推导出 Marechal 近似的完整版本 (Ross, 2009)。如果噪声分布不是高斯分布, 则需要使用更加普遍形式的 Ross-Marechal 近似 (式 (1.46))。

4.2.1.2   中心光斑功率与 WFE

图 4.5 显示了中心光斑功率分数与 WFE 均方根的关系。结论很令人惊讶, 对于这种噪声, 衍射受限的中心光斑功率分数与 Marechal 近似值的乘积非常接近于有像差的中心光斑功率, 如图中虚线所示非常接近有像差的高斯曲线。

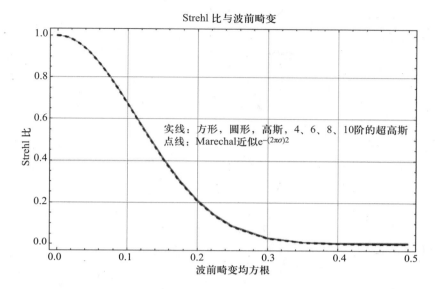

图 4.4　Strehl 比与非相关高斯相位噪声的波前畸变的关系

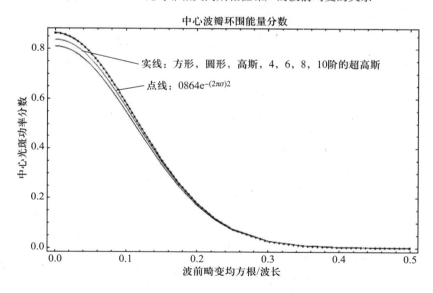

图 4.5　中心光斑功率与非相关高斯相位噪声的波前畸变的关系

4.2.1.3　VPIB 与 WFE 和 $1/S^{1/2}$

图 4.6 和图 4.7 分别显示了 VPIB 与 WFE 均方根和 $1/S^{1/2}$ 的关系。选择 $1/S^{1/2}$，是因为它相当于高斯光束的 M^2（式（4.6））。再次说明，光

束形状并不是主导问题的关键，是次要的影响因素。观察的结果很令人惊讶，对于这种相位噪声，$\sqrt{\text{VPIB}} \cong 1/S^{1/2}$，并且对于高斯光束而言，其值也等于 M^2。

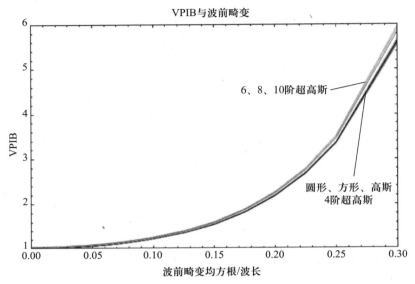

图 4.6　VPIB 与非相关高斯相位噪声的波前畸变均方根的关系

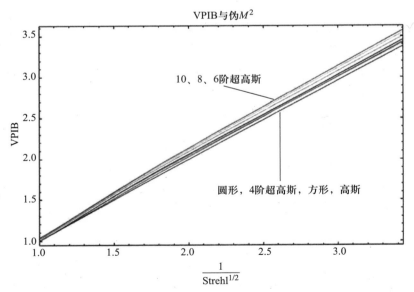

图 4.7　VPIB 与非相关高斯相位噪声的 $1/S^{1/2}$ 的关系

4.2.1.4 HPIB 与 WFE

HPIB 与前面的指标相比相差较多，如图 4.8 所示。首先，光束形状成为指标的主导因素。其次，指标几乎变成了双稳态，从一个低于某一像差水平条件下的非常小的恒定值，快速过渡到一个高于最低像差水平条件下的非常高的恒定值。

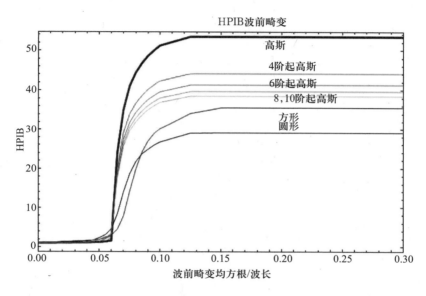

图 4.8   HPIB 与非相关高斯相位噪声的波前畸变的关系

如果结合一个截止值选为总功率的 80% 的例子，那么 HPIB 与相位扰动的异常就可以从概念上理解了。如果中心波瓣内的衍射极限功率为 85%，则任何导致离开中心波瓣的功率小于 5% 的像差，都对指标的影响不大。一旦像差使得离开中心波瓣的功率超过 5%，指标将不得不 "搜索" 到第二甚至更高的波瓣中来满足 80% 的功率。因此，使用 HPIB 以及其相关的指标很危险，它们往往只描述光束是否通过，除此之外几乎没有任何信息。

4.2.1.5 M^2 与 WFE

对于不相关的相位噪声，M^2 也表现得非常差（见图 4.9），很小的 WFE 便会使 M^2 达到很高的水平。这是由于二阶矩方法对光束边缘噪声的敏感性导致的。高空间频率噪声将少量能量散射到非常广的角度，而且由于二阶矩与光束中心的距离关系是二次加权的，因此二阶矩将会不成比例地增加。

M^2 和二阶矩光束半径都不适于广角散射的情况。由于没有任何检测系统可以捕获所有的辐射,所以所有的光束质量测量都会受到检测装置的聚光特性和噪声识别特性的影响。随着系统的改进,M^2 的测量值会有所改善,因此实际测量的并不是真正的光束特性,其中还包含了测量系统的特性。

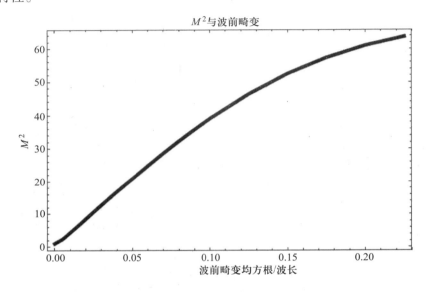

图 4.9　M^2 与非相关高斯相位噪声的波前畸变的关系

应该注意,从上述角度考虑,图 4.9 中所示结果是错误的。图中展示的 M^2 是在假设探测系统具有与傅里叶传播阵列相似的分辨率的条件下进行的测量。阵列越大,产生的 M^2 值越高。对于无相差的高斯光束而言,其 M^2 值为 1,但对于即使带有非常少量的空间高频噪声的光束而言,其 M^2 值都会变为无穷大。值得注意的是,对于可以用高斯包络描述的高斯光束集合,有 $M^2 = 1/S^{1/2}$,但在一般情况下并不是这样的。

总之 M^2 和 HPIB 不适用于大多数的光束形状或一般的像差,除非经过精心控制或者对它们有充分的理解,否则应避免使用。这些指标也不适用于在各类激光器及像差之间进行光束质量指标的比较。

4.2.2　光束质量指标与非相关高斯振幅噪声的关系

光束质量退化的另一个来源是高空间频率振幅噪声,由增益介质或镜片中的杂质或不规则，光路中或光学器件上的灰尘或污染物，放大器中的掺杂不规则所导致。在一些高能量系统中，这种噪声可以达到百分之数百。本节内容延续采用 4.2.1 节中的光束形状，即高斯，圆形平顶，方形平顶，4、6、8 和 10 阶的超高斯，但是光束中带有高斯振幅噪声。图 4.10 显示的是 4 阶超高斯的近场和远场辐照度分布。

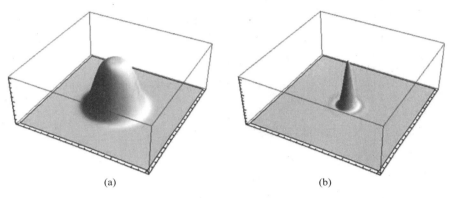

图 4.10   近场（a）与远场（b）的 4 阶超高斯

图 4.11 和图 4.12 显示了相同的 4 阶超高斯，但分别带有幅值均方根为 35% 和 160% 的非相关振幅噪声，其高斯概率密度函数与 4.2.1 节相位噪声的相类似。空间高频振幅噪声是一个比较适合用核心及功率损耗描述的光束质量退化的例子。远场光斑几乎没有形状变化，只有幅度减小。唯一的退化指的是功率散射到了关心区域之外。为了方便观察，图形进行了归一化处理。远场的相对振幅可以通过 Strehl 比与振幅噪声的关系图确定，这些将在下文详述。

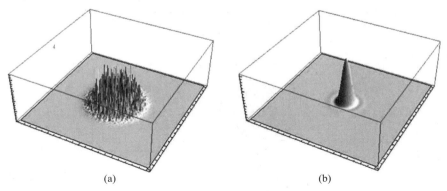

图 4.11   近场（a）与远场（b）的带有 35% 振幅噪声均方根的 4 阶超高斯

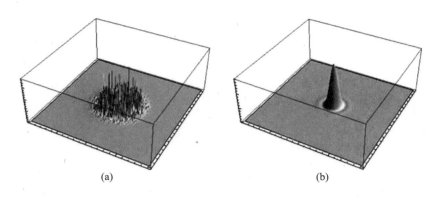

图 4.12 近场（a）与远场（b）的带有 160%振幅噪声均方根的 4 阶超高斯

4.2.2.1 Strehl 比与振幅噪声

Strehl 比和振幅噪声的关系如图 4.13 所示。与相位噪声相比，振幅噪声是二阶效应，当噪声均方根达到 200% 时，Strehl 比只下降 8%。大多数光束形状（6、8 和 10 阶的超高斯和方形平顶）的曲线是非常接近的，只有 4 阶超高斯光束稍有异常。这些曲线看起来几乎都是线性的。目前没有与振幅相对等的 Marechal 近似，所以没有简单的公式用来比较曲线。

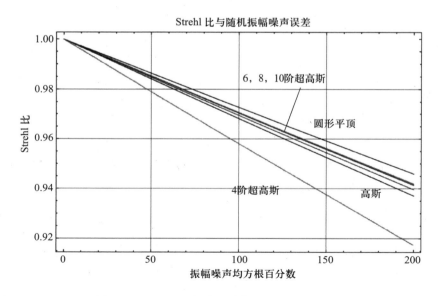

图 4.13 Strehl 比与非相关高斯振幅噪声的关系

4.2.2.2 中心光斑功率与振幅噪声

图 4.14 显示了各种光束在远场中的中心波瓣中所占总功率的分数。与之前的相位噪声一样，高斯型光束的截止值为 $1/e^2$，高斯光束不含高阶波瓣。所有的光束都表现出相似的形状。图中的点线表示圆形平顶光束的最佳拟合，正好等于 $0.81 \times \alpha^2/(\sigma_n^2 + \alpha^2)$，其中 $\alpha = 0.98$，σ_n 是振幅噪声均方根百分比。其他光束形状的最佳拟合可以通过用无像差光束的中心光斑功率分数来替换常数 0.81 的方法获得。然而，目前尚未有描述这一点的简化理论，所以有必要对每种光束形状分别进行数值计算。

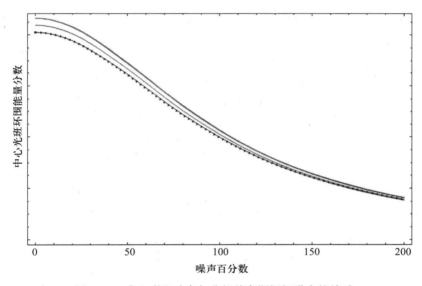

图 4.14　中心光斑功率与非相关高斯振幅噪声的关系

4.2.2.3 VPIB 与振幅噪声

VPIB 和振幅噪声的关系如图 4.15 所示。与相位噪声不同（图 4.7），VPIB 与 Strehl 比没有明显的相关性。所有光束形状的曲线都基本重合。图中的点线表示试图使用 Strehl 比的最佳拟合通用公式来进行的拟合，拟合结果为 $(\sigma_n^2 + \alpha^2)/\alpha^2$，其中 $\alpha = 160$。拟合结果远不及 Strehl 比曲线那么好。

4.2.2.4 HPIB 与振幅噪声

HPIB 指标再一次显示出其不适合描述一般像差。图 4.16 显示了与相位噪声相类似的双稳态特性。当像差散射能量小于任意环围能量的 86.4%

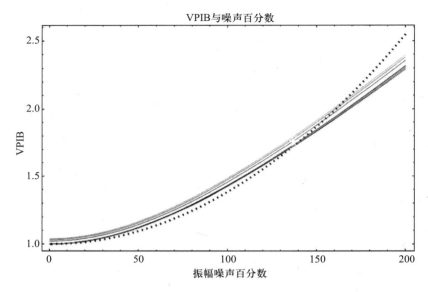

图 4.15 VPIB 与非相关高斯振幅噪声的关系

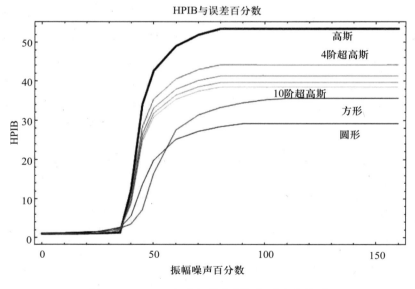

图 4.16 HPIB 与非相关高斯振幅噪声的关系

截断值与无像差光束中心能量之差时，该像差对 HPIB 指标的影响不大。一旦达到阈值像差，该指标会基于中心波瓣和第一波瓣的能量迅速达到新的值，而且像差的进一步增加对指标影响依旧较小。HPIB 的值再次地表现出强烈地依赖于光束形状的特点，这点与 Strehl 比、中心光斑功率和 VPIB 不同。

4.2.2.5 M^2 与振幅噪声

M^2 适用于高阶模式像差，其他种类的像差会得出无限大的 M^2。非相关的空间高频率噪声属于其他种类的像差，即使其像差非常小。M^2 显示的数字实际上是一个用于计算的傅里叶阵列大小的函数，在本例中为 1024×1024。不同大小的阵列会得到不同的数字。这也反映了一个实验事实，即实验中测得的 M^2 值实际是受检测高频分量像差的系统的聚光特性和噪声识别功率影响后的产物。

图 4.17 显示了本例条件下的 M^2 与振幅噪声的关系。与非相关的相位噪声一样，二阶矩半径定义的灵敏性使得即使像差很小，M^2 值也很大。M^2 仅设计用于检测高阶高斯模式，而不适用于其他原因的光束质量下降情况，这点在本例中已经研究得非常清楚。

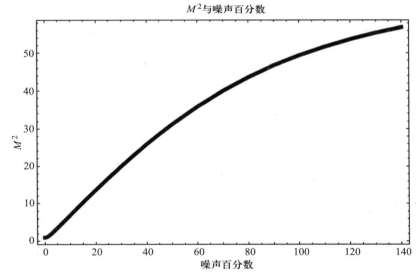

图 4.17　M^2 与非相关高斯振幅噪声的关系

前面讨论的两个分别关于振幅噪声和相位噪声的研究表明，标准光束质量指标可以分为两大类：着眼于目标能量的一类（Strehl 比、VPIB 和中心光斑功率）和着眼于发散角的一类（HPIB 和 M^2）。每一类中都有各自相似的特性，适用于类似的像差和光束形状。那些测量发散角的指标不断地证明着它们不适用于一般像差。

第 5 章

光束阵列

相控阵光纤激光器阵列的出现，引起了研究人员对应用于阵列的可追溯光束质量度量的兴趣。用于度量单个激光发射单元的光束质量指标也可以用于度量阵列光束的光束质量；然而，虽然采用同样的指标，其所代表的意义也可能与单个激光发射单元不同。光束阵列度量指标应该满足以下准则：

（1）当阵列损失掉一个发光单元时，其光束质量不应表现出改善。

（2）如果光束质量指标中使用了近场光阑，光阑的选择取决于应用而不是取决于光束阵列本身。

（3）该指标必须可以追溯到针对其预期应用的系统性能，而不是任意地与某些传播特性进行比较。

仔细考虑计划使用的指标能回答哪些问题。对于阵列光束而言最重要的问题是：

（1）中心光斑功率占总功率的百分比是多少？

（2）类比填充孔径、中心波瓣宽度是多少？

本章将探讨阵列光束的光束质量下降的一些常见原因以及它们如何影响光束质量指标。然后根据光束发射阵列检验一些常见的光束质量指标。

5.1 光束质量衰减的原因

一般阵列的光束质量恶化可以归结为两个方面的因素：阵列排布设置与发光单元性能。这可以从下文中描述的按照一定规则排布的理想高斯光束阵列二阶矩半径的推导过程中得出。式 (5.1) 显示了理想高斯光束构成的阵列光束的一阶矩，其与发射单元的位置的平均值相等。式 (5.2) 表明阵列光束的二阶矩半径，等于单个发光单元的二阶矩半径与该发射单元位置的二阶矩半径之和：

$$\bar{x}_N = \frac{\int x \sum_{i=0}^{N} e^{-\left(\frac{x-x_i}{w_i}\right)^2} \mathrm{d}x}{\int \sum_{i=0}^{N} e^{-\left(\frac{x-x_i}{w_i}\right)^2} \mathrm{d}x} = \frac{\sum_{i=0}^{N} w_i x_i}{\sum_{i=0}^{N} w_i} = \frac{1}{N} \sum_{i=0}^{N} x_i \tag{5.1}$$

$$W^2 = 2 \frac{\int (x-\bar{x}_N)^2 \sum_{i=0}^{N} e^{-\left(\frac{x-x_i}{w_i}\right)^2} \mathrm{d}x}{\int \sum_{i=0}^{N} e^{-\left(\frac{x-x_i}{w_i}\right)^2} \mathrm{d}x}$$

$$= 2 \frac{\sum_{i=0}^{N} w_i \left(\frac{1}{2} w_i^2 + 2(x_i - \bar{x}_N)^2\right)}{\sum_{i=0}^{N} w_i}$$

$$= w_i^2 + \frac{1}{N} \sum_{i=0}^{N} (x_i - \bar{x}_N)^2 \tag{5.2}$$

由式 (5.2) 可以得出以下一般性的结论：单个发光单元的性能变化或改变阵列的排布方式，能够改善或恶化阵列的光束质量。

5.1.1　填充因子注意事项

一般情况下，光束阵列的特性应类比于相同尺寸的填充孔径的特性，而不是与"理想"的光束阵列相比较。此处，"相同尺寸"是指近场处包含 100% 输出能量的最小包围圆，不包括将阵列光束作为分布式的光源的情况。如果阵列光束中的器件占据了发光单元之间的空间，使得发光单元之间的空间无法容纳任何其他装置，则必须使用整个区域作为近场的比较基准，而不是仅仅使用包围每个发光单元的圆区域相加作为基准，如 5.2.1.2 节所述。

5.1.2 相位误差

以近场分布如图 5.1（a），远场分布如图 5.1（b）所示的方形激光阵列为例。假设阵列光束的单个子光束发生了相移。如图 5.2 所示，给出了中心发射单元存在 π 的相移的情况下的发光阵列远场图像。

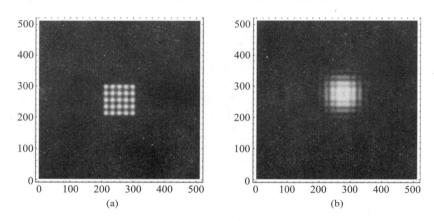

(a)　　　　　　　　　　　　　(b)

图 5.1　方形排布的相干高斯发射单元的近场（a）和方形排布的相干高斯发射单元的远场（b）

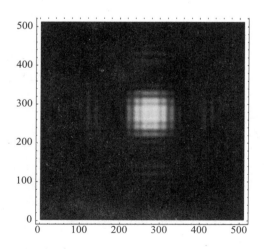

图 5.2　中心发射单元发生 π 失相且相干高斯光束阵列方形排布的远场分布

描述中心子光束轻微的失相的一系列 PIB 曲线能更好地说明此类相差对光束阵列的影响，如图 5.3 所示。作为对比，图中也显示了方形填充孔径的 PIB 曲线。由图可以看出，对于较小的相位差，高斯光束阵列的表现依旧强于填充孔径。

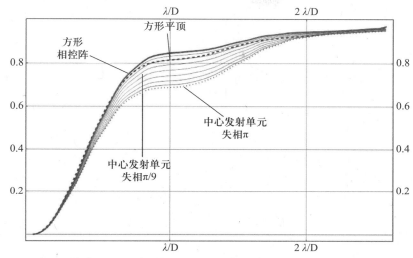

图 5.3　中心子光束发生不同程度失相的方形高斯光束阵列的 PIB 曲线（非相干光束的组合方式不会产生失相误差，但会产生失调和发射单元性能退化）

图 5.3 中，曲线上的第一平坦点（λ/D 附近）确定了光束中心波瓣的宽度。即使单个子光束失相引起中心光斑功率分数从极大值的 84% 降低到 68%，第一零点的位置也不会改变。诸如 HPIB 和 M^2 因子等专门衡量光束中心波瓣宽度的光束质量指标可能对此类光束退化并不敏感。如果光学探测器未接收散射到光束中心波瓣外部的光束能量，那么这些指标也不会检测到此类的光束退化。

5.1.3　准直误差

准直误差将会导致一小部分能量偏离中心波瓣。对于小误差，会在光束中心呈现一个凸起。除非此种误差非常大，使得未准直光束出现旁瓣，否则用于评价中心光斑功率的光束质量指标将无法获取此种类型的光束质量衰减。

5.1.4　发光单元退化

单个发射单元输出功率降低时，中心光斑功率将会降低，但是中心波瓣的宽度不会发生明显变化。HPIB 和 M^2 等用于评价光束宽度的光束质量指标对这种退化更不敏感。损失单个发光单元仅仅会轻微改变光束阵列的近场二阶矩半径,可能增加也可能减少。当损失的为阵列边缘的发光单元时,其可能使阵列近场分布的二阶矩半径变小,其 M^2 值可能因此而得到改善。

5.2 针对光束阵列应用调整光束质量指标

对各种影响光束阵列的衰退的研究表明,任何单一的光束质量指标都不能准确描述光束阵列的衰退。光束阵列通常应采用两个独立的指标:一个指标用来表征光束中心波瓣宽度;另一个指标用于表征中心光斑功率。或者,可以使用例如光束亮度(包含光束宽度和功率信息)作为光束阵列的度量指标。作为 1.9 节的回顾,表 5.1 总结了常用光束质量指标的主要特性。括号内的数字为对相应的光束质量指标进行过详细描述的章节号。

表 5.1 用于评价中心光斑功率和聚焦光束宽度的光束质量指标

主要描述光束中心光斑功率	主要描述光束宽度
Strehl 比(1.9.3 节)	M^2(1.9.1 节)
中心光斑功率(1.9.5 节)	横向桶中功率(HPIB)(1.9.2.1 小节)
纵向桶中功率(VPIB)(1.9.2.2 小节)	光束发散角(1.7 节)
	BPP(1.9.6 节)

5.2.1 近场和远场的光束半径指标

本节将介绍将光束半径度量指标用于光束阵列时,会产生使某一指标失效的有趣现象。

5.2.1.1 二阶矩

光束二阶矩半径定义(1.7.1 节)会将强度信息以到质心距离的平方的方式进行加权。远离光束中心的衍射波纹所占比重高于光束质心附近光场所占比重。任何具有延伸到无限远的衍射波纹的光束都具有无限大的二阶矩。任何发生强衍射的光束都是值得注意的,再次强烈提醒读者,应避免对这类光束使用例如 M^2 等与二阶矩相关的光束质量指标。任何设备都无法得到无穷大的二阶矩测量值。在使用相机时，由于相机有限的孔径及背底噪声的存在，使得其无法得到无穷大的二阶矩半径。相机的孔径越大或噪声辨别越好，其测量的二阶矩越大。由测试系统返回的数值描述的是检测装置质量而不是光束质量。

5.2.1.2 光束总面积

对于分布式光束阵列，需计算组合光束总面积作为比较基础，并确定 λ/D 的光束衍射角。每个子光束都有各自占的面积，所有这些所占区域必须相加进而获得一个等效面积。此处有两个问题需要考虑：第一，是需要对于预期应用"公平"，而不是对光束阵列"公平"；第二，每个发射单元的面积必须与标称功率对应。

对光束阵列"公平"较具有迷惑性，因为在计算等效面积时，只确定每个子光束的光束半径。但是经验准则是，如果涉及的面积无法作为它用，则该部分面积也应包含在等效面积之内。例如对于间隔 1 cm 的 9 个单模光纤构成的矩形光束阵列，应该使用包含所有发射功率的最小圆作为光束阵列的区域，而不是每个子光束所占的几平方微米的区域，因为光纤激光器之间的空间无法作为它用，如图 5.4 所示。另一方面，如果光束阵列分布范围较广，每个发射单元间隔 1 m，则可以将每个子光束的覆盖区域相加并使用，如图 5.5 所示。

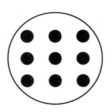

图 5.4　紧密堆叠光束阵列的总面积

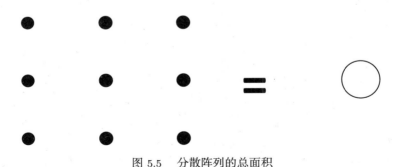

图 5.5　分散阵列的总面积

5.2.1.3 最小包围圆

当计算需要用作基准的近场光束直径时,必须使用包含激光器标称输出光功率的最小包围圆。计算光束质量时,任何使用硬边截断的光束质量指标包含的功率必须与标称功率一致。指导性原则是对于预期应用应该"公平",而不是对光束阵列本身"公平"。这也是在计算 λ/D 或其他可比较指标时不使用正方形、矩形或椭圆作为近场包围形状的原因,除非整个光学链路和输出光束导向装置都是由正方形、矩形或椭圆的光学元件和扩束望远镜构成的。

5.3 假想实验:发光单元损失

在使用一个光束质量指标作为光束阵列的度量指标前,应进行假想试验,以确定发光单元的损失对该度量指标的影响。对采用 49 个高斯光束发射单元构成的矩形光束阵列进行说明,如图 5.6 所示。计算得到该阵列光束的二阶矩半径,并叠加在图中。一些发射单元在二阶矩半径之外。在远场,单个发射器的损失对光束阵列的半径影响较小,并且不管哪个发射单元缺失,产生的效果是基本相同的。若是在近场,则情况并非如此。如

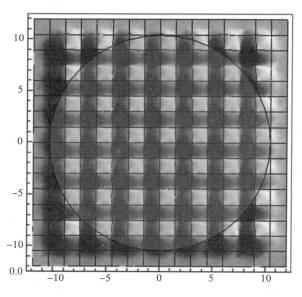

图 5.6   矩形排布的高斯发射器阵列及其二阶矩半径

果损失的发光单元在图 5.6 所示的圆内部，则近场的二阶矩将会增大；而如果损失的发光单元发射在图 5.6 所示的圆外，则近场二阶矩将会减小。在任何情况下，发光单元的损失都将使远场二阶矩半径略微增大。所以在某些情况下，如果阵列损失掉一个发光单元，诸如 M^2 之类的基于二阶矩的光束质量参数的数值会变小。因此，应该避免使用 M^2 和任何与其有相近特征的光束质量度量指标对光束阵列进行光束质量评价。

第 6 章

注意事项

本章将介绍一系列研究，这些研究展现了由于对光束质量问题认识不足而引发的概念性认知错误和工程实践中的常见错误。

6.1 描述高斯光束传播的三种视角

科技文献中描述高斯光束的传播有三种常见的视角。每种视角都有其热衷于采用的科学研究团体，特定的视角在团体内部已经被普遍接受，并且由于"每个人"都采用自己惯用的描述方式，因此高斯光束传播几乎从未被明确界定。这三种视角分别如下：

（1）照明：允许光束从出射孔径处扩展，使得出射孔径平面处的光束宽度为光束的束腰，即 $W[0] = W_0$（参见 Johnson 和 Sasnett（2004，第 39 页），称为恒定束腰直径（constant waist diameter））

（2）实验室/激光武器：光束被聚焦到目标上，使得目标平面上的光束宽度为光束束腰，即 $W[0] = M^2 W_{0\text{ref}}$（参见 Johnson 和 Sasnett（2004，第 39 页），称为恒定发散角（constant divergence））。

（3）高斯包络：将一个包含多个模式的光束中的最低阶高斯模式设定为参考光束，如果所有平面的参考光束均满足 $W[z] \equiv M W_{\text{ref}}[z]$，则实际光束半径为参考光束半径的 M 倍（参见 Johnson 和 Sasnett（2004，第 8 页））。

这些视角分别如图 6.1 和式（6.1）至式（6.3）所示（见表 6.1）。在三种情况下，均假设 w_0 为嵌入式基模（TEM$_{00}$）高斯光束的二阶矩半径。在一些文献材料中，包括 ISO 11146 号文件，采用相同的符号描述光束二阶矩半径的最小测量值。如果将 Mw_0 替换为 W_0，式（6.1）至式（6.3）均可得出相应的另一种表达方式，此处 W_0 是测得的光束二阶矩半径最小值。

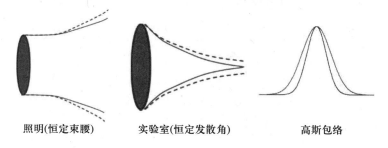

照明(恒定束腰)　　　实验室(恒定发散角)　　　高斯包络

图 6.1　高斯光束传播的三种视角

表 6.1　三种视角的计算等式

视角	完整的等式	当 Z 取值较大时（传播距离较远）	
照明 （恒定束腰）	$w^2[z] = w_0^2 \left(1 + z^2 \left(\dfrac{M^2\lambda}{\pi w_0^2} \right)^2 \right)$	$w[z] = M^2 \dfrac{\lambda}{\pi w_0^2} z$	(6.1)
实验室（恒定 发散角）	$w^2[z] = w_0^2 \left(M^4 + z^2 \left(\dfrac{\lambda}{\pi w_0^2} \right)^2 \right)$	$w[z] = \dfrac{\lambda}{\pi w_0} z$	(6.2)
高斯包络	$w^2[z] = M^2 w_0^2 \left(1 + z^2 \left(\dfrac{\lambda}{\pi w_0^2} \right)^2 \right)$	$w[z] = M \dfrac{\lambda}{\pi w_0} z$	(6.3)

瑞利距离是指光束传输至截面半径为两倍束腰位置截面半径的位置时，该位置与束腰位置之间的距离。光束的瑞利距离是随着 M^2 因子增大而改变的函数，其值同时也受上述三种不同视角的影响。检验式（6.1）至式（6.3），得到以下瑞利距离的三种形式：

照明（恒定束腰）：
$$Z_R = \frac{\pi w_0^2}{M^2 \lambda} \qquad (6.4)$$

实验室（恒定发散角）：
$$Z_R = M^2 \frac{\pi w_0^2}{\lambda} \qquad (6.5)$$

高斯包络：
$$Z_R = \frac{\pi w_0^2}{\lambda} \qquad (6.6)$$

式（6.4）、式（6.5）具有直观的意义。恒定束腰（照明）的光束应用使得光束以更大的角度扩展，因此瑞利距离（发射孔径附近）会随着 M^2 值的升高而变小。恒定发散角（实验室）的光束应用试图将光束聚焦到某一点，因此其瑞利距离随着 M^2 值的升高而增大。高斯包络视角（式 6.6）表明瑞利距离不会随着 M^2 值的变化而变化。这是由于在所有平面上实际光束与衍射极限光束的半径比值是不变的。值得注意的是，光束的经验测量特征不会随着视角不同而改变，会随着视角不同而改变的仅仅是这些值的符号表达式。包含多个模式的光束的内嵌高斯光束的半径不是经验值，只有实际测量所得的光束半径为经验值。光束瑞利距离的特点与其类似。在多长的实际距离内，测量的光束面积保持在两倍以内，并不取决于所选取的视角。所选取的视角不同，仅仅改变参考光束和与参考光束属性有关的符号的定义方式。

图 6.2 对光束传输的三种视角之间的微妙和关键差异进行了进一步说明。三种视角中，都对参考光束的性质存在隐含的假设。实线表示所测得的实际光束，图中显示了三种视角所对应的参考光束与测量光束之间的关系，也显示了三种参考光束相互之间的关系。点划线表示如式（6.1）描述的恒定束腰（照明）的参考光束，恒定束腰角度的参考光束与实际光束在焦点处有相同的束腰。虚线表示如式（6.2）描述的恒定发散角（实验室）的参考光束，恒定发散角视角的参考光束的远场发散角与实际光束的远场

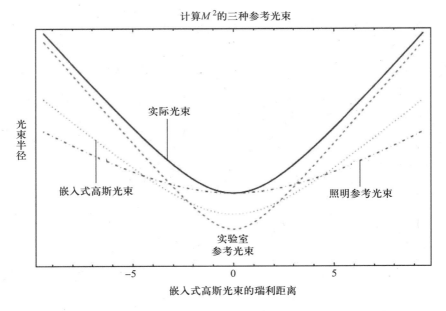

图 6.2　关于参考光束的实验室、照明和嵌入式高斯光束视角

发散角密切相关。点线表示如式（6.3）描述的嵌入式高斯光束视角的参考光束，在所有平面内实际光束半径与嵌入式高斯光束视角的参考光束半径的比值恒为 M。

关于这三种视角的另一个微妙之处在于 1.9.1 节中对的 M^2 定义（式（1.30））。M^2 的计算结果不随视角的不同而改变，但是等式的表达方式受视角的不同而改变：

$$M^2 = \frac{\Theta w}{\Theta_0 w_0}$$

对于恒定束腰（照明）视角，焦点处的光斑尺寸是相同的，因此式（1.30）变为如式（1.30）所示的光束发散角的比，如式（6.7）。对于恒定发散角（实验室）视角，远场发散角 Θ 和 Θ_0 是等同的，所以式（1.30）变为焦点处的光束半径之比，如式（6.8）。最后对于嵌入式高斯光束视角，采用式（1.30）的完整形式是十分必要的。关于式（1.30），嵌入式高斯光束视角还有另外一种形式。理论上，由于在垂直于传播路径的所有平面内，嵌入式高斯光束的光束发散角或光束半径与其参考光束之比为常数，所以式（1.30）可以重写为光束半径平方或光束发散角平方之比，如式（6.9）。

恒定束腰（照明）角度： $\qquad M^2 = \frac{\Theta}{\Theta_0}$ $\qquad$ (6.7)

恒定发散角（实验室）角度： $\qquad M^2 = \frac{w}{w_0}$ $\qquad$ (6.8)

高斯包络角度： $\qquad M^2 = \frac{\Theta w}{\Theta_0 w_0} = \left(\frac{\Theta}{\Theta_0}\right)^2 = \left(\frac{w}{w_0}\right)^2$ $\qquad$ (6.9)

最终的复杂形式可能会改变式（6.1）至式（6.3）的形式。一些研究人员可能会根据光束半径的最小测量值 $W[0]$ 而不是嵌入式高斯光束束腰 w_0 对等式进行变形。这种情况下，式（6.2）和式（6.3）（恒定发散角和嵌入式高斯视角下的等式）都采用了式（6.10）的形式，它们与描述恒定束腰视角下的式（6.1）的形式十分类似。这种等式形式可以称为经验观点，因为其专门用来衡量光束半径的测量结果：

$$W^2[z] = W^2[0]\left(1 + z^2\left(\frac{M^2\lambda}{\pi W^2[0]}\right)\right)$$ $\qquad$ (6.10)

下面是一些关于三种视角的说明：

（1）一些作者可能不会提醒读者他们所采用的视角，因为他们除自己使用的视角外并不了解其他视角，或者是因为他们所在领域或专业的"每个人"都使用一个特定的视角。

（1）一致性在任何推导中都十分重要，因此必须选择并持续应用同一个视角。关于这一点的一个例子是 4.1.5 节中给出的关于亮度的计算过程。

（3）无论选取何种视角，对于给定的实际光束，M^2 因子和瑞利距离的数值都是相同的，只有参考光束会发生细微的变化。

6.2　非高斯高斯光束

"非高斯高斯光束"（NGG）由 Anthony Siegman 博士和 Michael Sasnett 博士提出（Siegman，1998）。将其作为注意事项的示例，主要用于说明研究高斯光束时产生的概念性缺陷（Ross，2006）。NGG 是具有零阶高斯或接近零阶高斯辐照度分布的光束，如图 6.3 所示，但实际上并不包含零阶模式。非高斯高斯光束的模式结构如图 6.4 所示。

本例中所使用的 NGG 由如下式所示的拉盖尔高斯模式组成：

$$I_{\mathrm{NGG}}(r) = 0.453I_{01} + 0.175I_{10} + 0.196I_{11} + 0.113I_{20} + 0.062I_{21} \qquad (6.11)$$

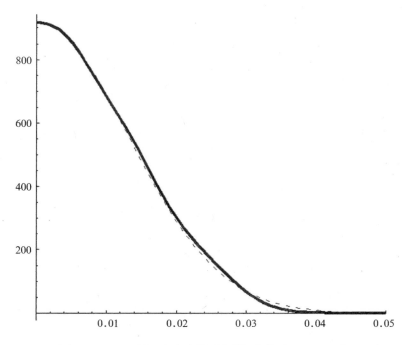

图 6.3　NGG（实心）与高斯（虚线）曲线（Ross，2006）

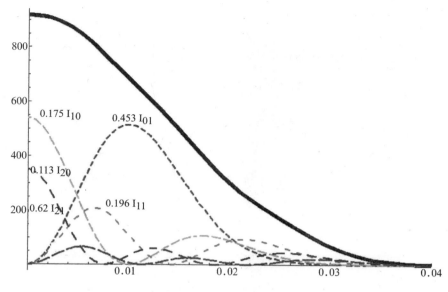

图 6.4 NGG 包含的模式（Ross，2006）

在构造本例的过程中使用的拉盖尔高斯光束如式（1.23）所示，其最低阶模使光束半径为 1 cm。直接使用式（1.40）得到了不正确的结果：

$$M^2 = \sum a_{pl}(2p + l + 1)$$
$$M^2 \neq 0.453(2) + 0.175(3) + 0.196(4) + 0.113(5) + 0.062(6) = 3.15 \tag{6.12}$$

在这种情况下，M^2 的值不等于 3.15，因为对于一个给定的光束存在无穷多种可能的模式组合。使用半径为 1 cm 的光束并没有特别之处，可以从拉盖尔高斯模式中任意选则一些模式来组成光束集。使用二阶矩光束半径作为式（1.39）的模式分解的依据，能够得到满足式（1.40）的唯一有效的模式分解。采用半径为 1 cm 的光束能够得到如式（6.11）的模式分解，然而实际光束的二阶矩半径为 1.776 cm。图 6.5 显示了根据所选光束半径不同的一系列可能的模式分解。模式强度以灰度显示，白色为大值，黑色接近零。

图 6.5 的横轴表示径向模式阶数 p，纵轴表示角向模式 m（或 l）。图 6.5（a）显示使用半径为 1 cm 的基准光束创建示例光束所使用的模式。图 6.5（b）显示相同的示例光束的模式构成，但使用的基准光束的半径为 1.86 cm，这个半径长度使得低阶高斯模式取得了最佳的总体拟合。图 6.5（c）使用的二阶矩半径长度为 1.776 cm。图 6.5（d）使用的半径长度

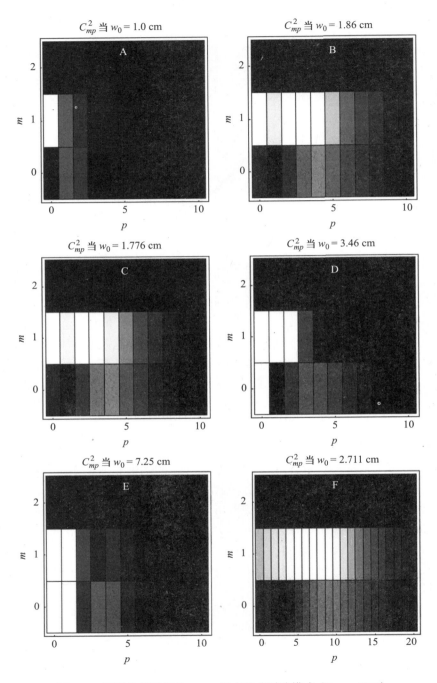

图 6.5　不同光束半径的 NGG 样本的非零阶模式（Ross，2006）

为 3.46 mm，该长度使得零阶模式分量最大。图 6.5（e）使用的半径为 7.25 mm，该长度使得式（1.40）之和为最小值。最后图 6.5（f）使用的半径是光束集的强度下降到最大值 $1/e^2$ 倍时对应圆的半径，该值为 2.711 cm。

图 6.6 显示了光束半径的选择如何影响光束的衍射极限倍数指标。根据光束半径的定义，示例 NGG 的衍射极限倍数可以从 2.5 变化到 30。粗曲线显示了对于所选不同束腰半径下，横向模式 $p \in [0,15]$，纵向模式 m（或 l）$\in [0,2]$ 之和。细曲线显示了 NGG 光束集合的实际远场二阶矩与所选近场光束半径的参考光束的远场二阶矩半径之比与采用傅里叶变换方法计算的所选近场光束束腰之间的关系。粗线和细线之间的差异显示了实际使用式（1.40）计算 M^2 值的风险：必须确定已知所有的主要模式才能得到正确的结果。垂直线作为参考，显示光束二阶矩半径，"已知" 的光束半径为 1 cm，以及使零阶模分量最大化的半径如图 6.5（d）所示。

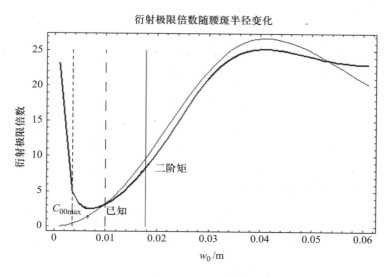

图 6.6　NGG 衍射极限倍数与基准光束半径关系（Ross，2006）

光束实际的 M^2 值应基于图 6.5（c）所示的模式分解，其 M^2 值为 9.65。这个例子中应注意如下几点：

（1）对于给定光束的模式构成，应由用于模式扩展基准的先验光束半径定义所决定。

（2）对于给定光束的模式组成，会随实验人员所选取的光束半径定义不同而变化。

（3）实验人员在孔径处与腰斑处所选取的光束半径定义的变化同样会导致模式构成的变化，使测量前后不一致。

（4）M^2 是基于模式表现的参数，其假设光束半径是通过二阶矩法定义。

（5）在一个平面上测量的光束辐照度分布不足以对整个光束特征进行描述。

（6）不是所有表现出 TEM_{00} 特征的光束都是 TEM_{00} 模式。

（7）如果对光束特征的思考比较随意，则会导致出人意料（错误）的结果。

6.3 截断对高斯光束质量的影响

本节也可称为 "TEM_{00} 高斯光束的 M^2 值是多少？"（Ross，2007）。初看此标题，会认为这个问题很滑稽，因为任何人都知道其值为 1。但上述答案只有在一种情况下是正确的，就是允许光束在一个无限大的孔径内传播。在现实条件中，并不存在无穷大孔径，因此其 M^2 测量值必然不是 1，而取决于其光束截断的程度，这就是本节将要讨论的内容。本节所考虑的光束，是在各种不同截断条件下的 TEM_{00} 高斯光束。先做出如下约定：

（1）w_{0nf} 为未截断光束的近场二阶矩光束半径。

（2）w_{nf} 为截断光束的近场二阶矩光束半径。

（3）w_{0ff} 为未截断光束的远场二阶矩光束半径。

（4）w_{ff} 为截断光束的远场二阶矩光束半径。

图 6.7 给出的是高斯光束的二维轮廓，其中垂直线给出了一些常见的截断点。在一倍二阶矩半径处，是包含 86% 能量的截断点。在 $\pi/2$ 处给出的是 π 截断点。在 2.4 倍二阶矩半径处给出的是 1% 波动截断点，在该点处由截断导致的波动小于总光束能量的 1%。

当高斯光束被截断时，可以想象其二阶矩半径将会减小。图 6.8 给出了光束近场二阶矩半径 w_{nf} 随截断半径变化情况，其中截断半径表示为与未截断光束半径 w_{0nf} 的百分比值。因此当截断半径变大时，曲线值将接近 100%。在本章中，近场半径将一直以未截断的近场二阶矩半径 w_{0nf} 为单位。

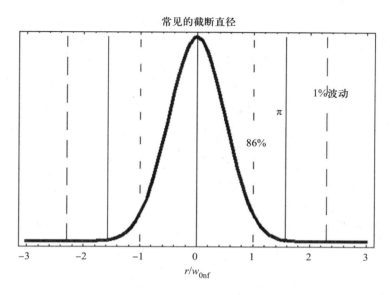

图 6.7　常见的截断点（Ross，2007）

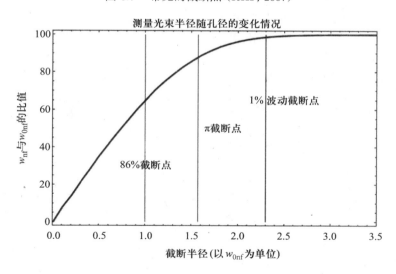

图 6.8　孔径效应对近场光束半径测量的影响

　　光阑或激光系统所引入的截断源既包括明显可见的系统硬光阑，也包括在激光增益介质中泵浦区的细微光阑。系统中最重要的权衡是能量提取效率和光束质量之间的权衡。当 TEM$_{00}$ 模式在 1% 波动能量处截断时，其与增益孔径只有约 9% 的重合，但是对于平顶光束，其能够利用 100%

的增益孔径。对于任何关注到靶能量的系统而言，截断效应对激光系统的设计至关重要。

　　当光束在近场被截断时，其远场会呈现出衍射条纹，这种衍射条纹会使光束远场二阶矩半径增加。通过傅里叶传播方法，可以计算截断高斯光束的远场分布。在本例中，$\lambda = 1\,\mu m$，$w_{0nf} = 1\,cm$，阵列尺寸 $= 1024 \times 1024$，点间隔 $= 0.5\,mm$，传播距离 $= 1\,km$（约 $3.4Z_R$）。由于没有使用透镜，其所反映出的结果是远场光束的发散情况，此即为照明视角（6.1 节）。传播至远场后，对各个光束分别计算其 w_{nf}。图 6.9 给出了由于近场截断导致的远场光束半径增加的曲线。通常情况下考虑硬边截断时，实际得到的数值将受到探测系统或本例中的数据阵列所收集到的远场分布数据量的强烈影响。因此，这种曲线只应用于定性说明。

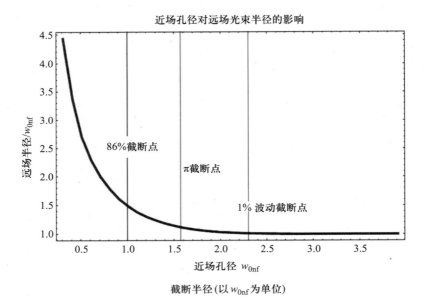

图 6.9　近场孔径对远场半径的影响（Ross，2007）

　　从照明的视角考虑此问题，M^2 可认为是远场发散角的比值或相同距离上的光束半径的比值（式 6.7），其原因是在小角度情况下，$\Theta = \tan[w/z] \approx w/z$。图 6.10 给出了由图 6.8 及图 6.9 数据推导得到的数值，这些数值能够回答最开始提出的问题："TEM$_{00}$ 高斯光束的 M^2 值是多少？" 在以上模拟中，高斯光束的光束质量可以为 $1.0 \sim 2.6$ 之间的任何值，当截断半径取为未截断光束的二阶矩半径（w_{0nf}）时，M^2 值取得极大值。采用图 6.7 中的一般标准，当包含 86% 能量时，$M^2 = 2.64$；当取 π 半径时，$M^2 = 1.84$；当取 1% 波动标准时，$M^2 = 1.09$。将一个在近场二阶矩半径范围处截断的高斯光束与相同孔径的平顶光束相对比，平顶光束的远场特性会明显优于高斯光束。对于平顶光束，在 $1.22\lambda/D$ 光斑范围内包含 83.8% 的能量，而在此范围内截断高斯光束仅包含不到 51% 的能量。因此通常所说的 TEM_{00} 高斯光束相比于其他光束具有显而易见的优势，这种说法是不严谨的，因为没有考虑高斯光束截断。

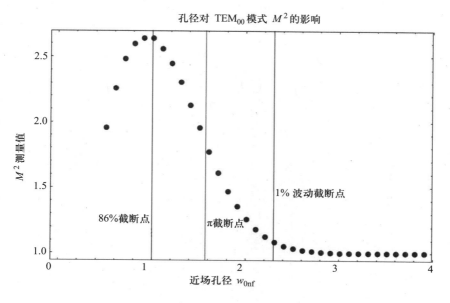

图 6.10   近场孔径对所测量的 TEM_{00} 模式 M^2 值的影响（Ross，2007）

目前为止，我们仅考虑了近场截断，并且认为位于远场的探测系统具有无穷大的孔径。通常，除了目标本身的边界，目标平面不存在硬边光阑。相机或光束质量分析系统的硬边光阑可能会在探测平面上形成光阑的效果。如果使用 CCD 相机对光束 M^2 进行测量，那么将存在 NEA 或其他数据窗口（2.5 节）。因此近场孔径效应影响的是光束本身，而远场孔径效应则更倾向于影响测量结果。

图 6.11 及图 6.12 给出了近场与远场孔径效应对光束质量 M^2 测量值的影响。图 6.11 中的加粗黑线给出的是远场孔径较大时的情况，对应图 6.10 中的情况。在图 6.12 中，注意到有一些区域中 M^2 的测量值小于 1。实验人员偶尔能得到一些小于 1 的 M^2 值，对于这种情况的解决方法是

重新准直系统。重新准直系统能够修正读取数据时引起的截断误差。截断误差引起的 M^2 的测量值小于 1，这会给研究人员一个警示：某些误差将使光束质量较差光束的 M^2 测量值偏小，而这种偏差没有任何内置警告。实验系统通过常用的准直程序（并没有对系统进行彻底的检查以消除截断误差）得到的最小 M^2 值一般偏小，导致实验人员认为光束的光束质量比实际要好。

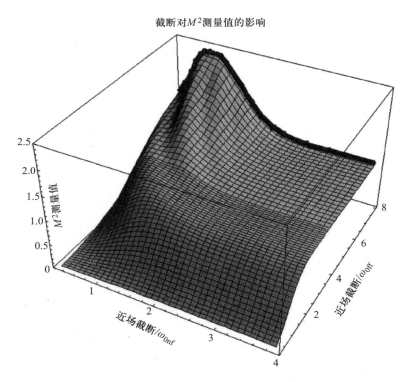

图 6.11　　近场及远场截断对光束质量测量值的影响（Ross，2007）

　　如果把本章之初的问题 "TEM$_{00}$ 高斯光束的 M^2 值是多少？" 稍加改动，变为 "TEM$_{00}$ 高斯光束的 M^2 测量值是多少？" 那么图 6.11 及图 6.12 就给出了答案：在不同的截断条件下，M^2 在 0 ~ 2.6 之间变化。截断误差在自动光束分析中无法被自动的探测到，因此实验人员有责任去仔细检查光学元件序列中是否存在截断的迹象，并且使用尺寸较大的光学元件来避免截断误差。

截断对光束质量测量值的影响

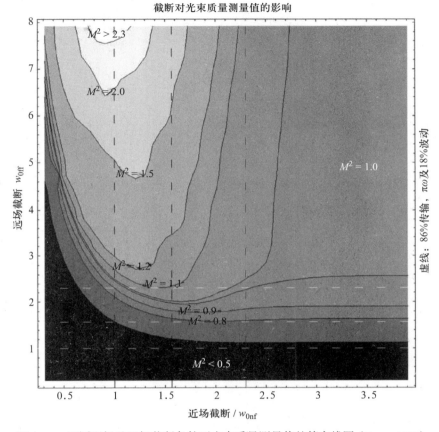

图 6.12　不同近场及远场截断条件下光束质量测量值的等高线图（Ross，2007）

　　接下来的问题是"为了在远场获得高辐照度，什么才是最有效的截断"。为了回答这个问题，需要计算一系列的 PIB 曲线，该组曲线的输入参数与图 6.9 相同，其截断范围由 $0.31w_{0nf}$ 直至 $3.91w_{0nf}$。得到的结果以二维曲线方式给出，如图 6.13 所示，其中横坐标为远场"桶"的尺寸。该组曲线也可以三维形式展现，如图 6.14 所示，其中两维横坐标分别为远场"桶"的尺寸及近场截断的尺寸。

　　不难看出随着截断半径的增加，PIB 曲线在靠近中心处将包含更多的能量。这再次说明在不考虑所述光束的形成方式的条件下，无限大孔径假设的有效性。截断高斯光束与其圆形孔径的交叠积分（见图 6.15），给出了从圆柱形增益介质中提取潜在能量的思路。图 6.16 给出了由图 6.14 中的曲线归一化后与增益介质重叠的曲线。

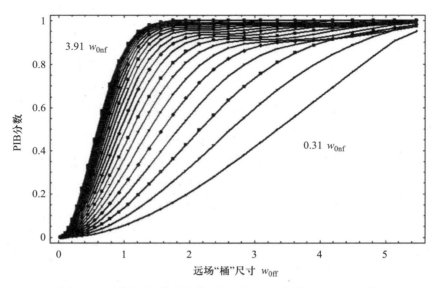

图 6.13 不同近场截断条件下的二维 PIB 曲线（Ross，2007）

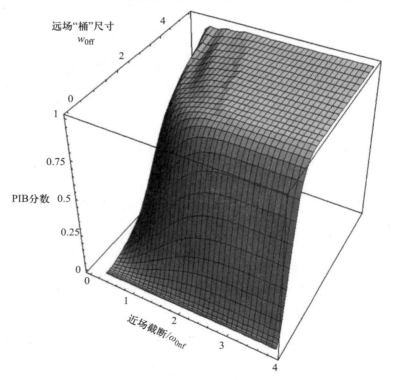

图 6.14 不同近场截断条件下的三维 PIB 曲面（Ross，2007）

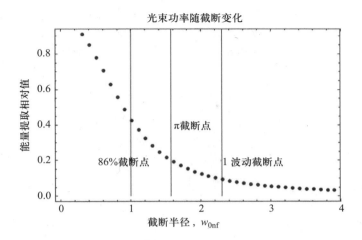

图 6.15　截断高斯光束与圆形孔径重叠的部分即为截断半径（Ross，2007）

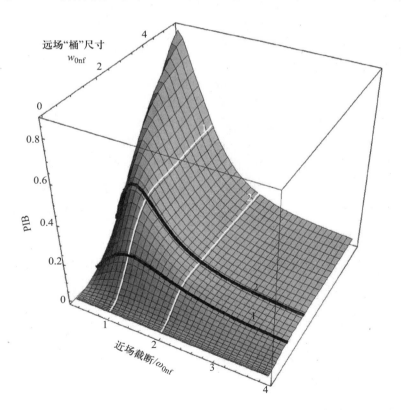

图 6.16　不同近场截断条件下的归一化 PIB 曲线（Ross，2007）

图 6.16 中白线所示为截断半径为 w_{0nf} 及 $2w_{0nf}$ 情况下的归一化 PIB 曲线。黑线为 w_{0ff} 及 $2w_{0ff}$ 远场 "桶" 尺寸内所包含的能量曲线。可以看出，为了在远场得到最大的功率值，其近场截断值存在最优值。通常来说，最优截断值出现在 $1/e^2$ 点附近，对应的高斯光束质量 M^2 约为 2.5，如图 6.10 所示。选取优于所需光束质量的光束所付出的代价可能极其高昂，在本研究条件下，我们认为选取任何光束质量优于约 2.5 的光束，都会降低激光系统的性能。

通过考察图 6.16，可以得到一种五步骤方法，该方法能够通过目标效果直接给出激光系统的截断参数。假设目标的特性需求为给定直径范围内所包含的最大功率，那么步骤如下：

（1）将目标直径与 TEM_{00} 光束二阶矩半径（w_{0ff}）相关联，并使孔径平面处二阶矩半径（w_{0nf}）等于孔径半径。

（2）确定交叠函数，该函数包括增益介质、光束定向光学系统以及大气传输过程中的统计学上的截断效应。

（3）将由增益介质和光束定向光学系统截断的激光光束通过数值方法传播至目标，并计算不同近场截断条件下的 PIB 曲线。

（4）通过以上信息确定近场截断条件，使得目标平面处功率最大。

（5）确定使目标上功率最大的光束质量数值。

需要强调的是，上述研究旨在给出一个计算示例，该示例与光束质量、激光器规范及截断等问题相关。对于给定系统，需要使用实际交叠函数及能量提取函数来代替图 6.15 中的曲线，并且截断光束需要通过实际光学元件序列及所预期的大气系统，而不是在图 6.8 至图 6.14 中所使用的自由空间传播。

对于将能量传递至远距离目标的系统，或关心从光子产生到传递至目标过程中总效率的系统，在其激光系统规范中，截断是一个至关重要却容易被忽略的方面。激光系统的截断不仅影响光束质量，同时探测系统中一些非典型截断也影响光束质量 M^2 的测量。最后，由于所有激光系统均存在截断，检视截断对能量提取的影响，能够提供一个优化光束质量指标的方法，使得目标上的功率最大化，同时正确描述激光系统的参数。

6.4 案例研究

以下所述案例，为保证其机密性，已经过脱密处理，但其所述均为真实内容，并且影响到主要激光器采购项目及合同签订。本案例的目的并非是为了诟病激光器采购方或激光器生产厂商,而只是为了展示不完整的光束质量指标在现实中的影响。

6.4.1 快速相机(抖动)

在一些激光器项目中,合同中并未规定光斑尺寸测量中所使用相机的积分时间。大多数情况下,激光生产厂商会购买能负担得起的最快的相机,因此测量光束半径所采集到的光斑是非常短时间内的"快照",但是实际上光斑是在一定范围内抖动的。相机的采集时间尺度会比预期激光发射间隔尺度小几个数量级。

6.4.2 时刻变化的近场直径(内切、外切、方形和圆形、截断等)

在某个重要项目中,使用了一个相当模糊的光束质量指标"衍射极限光斑"。在确定这个指标时,其作者认为"衍射极限"意味着"高斯光束",但此定义并未包含在合同文本中。这个项目中的激光需要通过非稳腔产生,因此高斯光束是不可能通过此系统产生的。同时使用带有较大中心遮蔽的方形平顶光束在物理上也不可能与高斯光斑相比拟,所以承包商发现他们陷入了两难的境地,几乎不可能完成指标。在这种情况下,承包商与采购方之间进行了一系列的会议,来确定"衍射极限"的含义。最终决定光束应以该孔径下均匀填充的平面波作为参考光束。由于高斯光束的衍射极限为 $0.64\lambda/D$,而方形平顶为 λ/D,因此采购商接收到的激光器光束质量比他们预期的光束质量差了近 1.5 倍。

6.4.3 创造性的按时选通(只取较好部分)

一些激光器要求在短脉冲工作时间内的光束质量较好。然后,生产厂商发现在脉冲开始及结束时,热效应导致光束质量下降较为严重。因此生产厂商所给出的所有光束质量参数,均是基于激光脉冲中间的一小部分得到的数值。由于标准中并未指定光束质量要在整个脉冲时间段内进行平均,或是在光束序列中选取特定的样本,所以生产厂商也并未如此操作。这对这个开发项目的未来产生严重影响。

6.4.4 光束轮廓上的小把戏 (环形)

一些激光器生产厂商发现中心遮蔽的尺寸会严重影响目标上的光斑,所以这些厂商设计出高环形比例 (中心遮蔽达到 90%) 的光束,因为这将使光束更容易达到合同要求。激光器采购方通过修改合同来进行反击—— 对孔径的尺寸加以限制,而后激光器制造商又选取了所允许的最大孔径,因为这样会留下最大的弹性空间来满足合同要求。当双方都认为问题已经解决时,衍射极限光斑的实际尺寸又增长了数倍,这又成为新的问题,最终实际得到的光束质量是激光采购方所预期的光束质量的近两倍。因此采购方需等到交付后,才能确定该激光器是否能够满足任务需求。

6.4.5 平等地对待激光器 (椭圆形)

一些特定的激光器系统的光束近场分布为矩形,所以其远场光斑分布为椭圆形。激光器制造厂商认为应 "平等地对待激光器",所以在测量桶中功率时,在远场使用的是椭圆形的 "桶"。因此面对的问题是,应平等地对待激光器,还是平等地对待激光器预期完成的任务。如果光束控制系统无法将光束的光轴旋转至与目标一致,那么这种光束质量定义的变换看起来使光束能够配合目标,而实际上无法实现,导致光束质量指标不具有可溯性。因此我们选择平等对待应用,所以在大多数情况下会选用圆形的"桶"。

6.4.6 功率与光束质量的不匹配

一些特定的激光器需要在特定的功率下以特定的光束质量工作。对于功率测量,承包商选择在激光器孔径的全部功率范围内对功率进行积分;而对于光束质量测量,承包商会去除掉在传输过程中被光学元件序列截掉的部分出射光束。由于在合同中并未说明,所以激光器采购方就必须承担这样的结果,但是采购方原本的意思是光束质量规范中应描述激光器的全部输出特性。

6.4.7 调整数据以得到 "合适" 的 PIB 曲线

对于一些特定的激光器会测量其输出的 PIB 曲线。但在一些情况中,PIB 曲线向右会一直增加,而不是图 1.36 所示有一条横向的渐近线。激光工程师自认为在相机的边缘不存在真实的功率分布,也就没有真实的光子照射，所以他们将探测器阵列四角的值去除掉，使得得到的 PIB 曲线看起来较为合适。但不幸的是，这样操作会使光束质量数值被低估，因为激光散射的能量比他们预想的要大。

因此总的原则是：①始终相信仪器；②不要将得到的曲线调整到与教科书一致；③反复检查光学系统，以确保采集到所有激光辐射。

6.5 广告宣传的目的

市场上有许多商业"黑盒子"激光光束分析仪，其中一些仪器在广告中声称符合 ISO M^2 测试标准。那么对于这些仪器需要注意的是，其所说的 ISO 标准是否包括刀口法、旋转分划板法或其他非相机方法，原因如下：ISO 标准中，用了近 30 页描述如何使用相机进行测量，但只用了 1 页描述如何使用刀口法进行测量。因此，尽管声称使用刀口法测量符合 ISO 标准，但是该方法仍有很大的自由空间。正如 2.8 节所述，ISO 刀口法通常与二阶矩法并不相同。如果希望得到符合 ISO 标准的 M^2 测量值，那么就需要使用相机进行测量，除非搭建自己的测量系统，并确保使用刀口法的数据进行的是二阶矩计算，如 2.8 节所示。

对于仪器的另一个考察点为，是否允许用户访问原始数据或处理后的数据，允许用户自己得出结论。在信任一个黑盒子光束质量分析仪之前，要检查其对参考光束产生的原始数据并进行计算，确保自己计算得到的二阶矩结果与仪器得到的结果相同。当其结果与二阶矩相符后，对处理后的数据进行一些拟合，即使大概估计也可以看出得到的数值是否合理。如果无法访问设备得到的数据，那么就无法核实设备的性能。

第 7 章

总结

　　激光光束质量通常比想象的更加复杂和微妙，导致了激光制造厂商、用户与采购方之间无休止的争论与误解。本书可帮助读者了解光束质量的相关规范，并编写具有可溯源到预期应用的定制规范。最后，以第 1 章中描述的激光光束质量测量首要准则"任何试图将包含七维特征的复杂电场用一个数字来表达的行为，都将不可避免地丢失信息"作为结束。应该由用户来决定指标中包含哪些信息才能确保激光器符合规范，才能完成预期的应用和任务。

附录 A

A.1 从高斯模式推导 M^2

本节附录的内容是通过厄米高斯模式以及拉盖尔高斯模式的系数，推导出式（1.33）和式（1.40）。

A.1.1 厄米高斯模式

本节内容将有助于读者对下面的推导过程与 Carter（1980）书中的推导过程进行比较。首先，将正交的厄米高斯形式进行变形，即

$$\int_{-\infty}^{\infty} H_n[x]H_m[x]\mathrm{e}^{-x^2}\mathrm{d}x = \pi^{1/2}n!2^n\delta_{nm} \tag{A.1}$$

参照 Arfken 一书（《物理学家用的数学方法（1985）》）中第 714 页的式（13.10a）和式（13.15），其中 H 代表厄米多项式，δ 代表克罗内克函数，当该函数的两个角标相等时，函数值为 1，角标不等时函数值为零。为推导所需的变形形式，还需利用厄米多项式的递归关系，即

$$\begin{aligned} H_{n+1}[x] &= 2xH_n[x] - 2nH_{n-1}[x] \\ xH_n[x] &= \frac{1}{2}H_{n+1}[x] + nH_{n-1}[x] \end{aligned} \tag{A.2}$$

参看上述书中第 714 页的式（13.2）。利用式（A.2）可以将式（A.1）变形为二次加权的厄米积分形式，即

$$\int_{-\infty}^{\infty} x^2 H_n[x]H_m[x]\mathrm{e}^{-x^2}\mathrm{d}x$$

$$= \int_{-\infty}^{\infty} \left(\frac{1}{2} H_{n+1}[x] + n H_{n-1}[x] \right) \left(\frac{1}{2} H_{m+1}[x] + m H_{m-1}[x] \right) e^{-x^2} dx$$

$$= \int_{-\infty}^{\infty} \left(\frac{1}{4} H_{n+1}[x] H_{m+1}[x] + nm H_{n-1}[x] H_{m-1}[x] \right.$$

$$\left. + \frac{m}{2} H_{n+1}^{\cdot}[x] H_{m-1}[x] + \frac{n}{2} H_{m+1}[x] H_{n-1}[x] \right) e^{-x^2} dx \qquad (A.3)$$

应用式（A.1），根据克罗内克函数的性质，其交叉项的积分为零，可将式（A.3）继续简化为代数表达式，即

$$= \int_{-\infty}^{\infty} \left(\frac{1}{4} H_{n+1}[x] H_{m+1}[x] + nm H_{n-1}[x] H_{m-1}[x] \right) e^{-x^2} dx$$

$$= \frac{1}{4} \pi^{\frac{1}{2}} (n+1)! 2^{n+1} + n^2 \pi^{\frac{1}{2}} (n-1)! 2^{n-1}$$

$$= \pi^{\frac{1}{2}} 2^{n-1} ((n+1)! + n^2(n-1)!)$$

$$= \pi^{\frac{1}{2}} 2^{n-1} n! ((n+1) + n)$$

$$= \pi^{\frac{1}{2}} 2^{n-1} n! (2n+1)$$

因此

$$\int_{-\infty}^{\infty} x^2 H_n[x] H_m[x] e^{-x^2} dx = \pi^{\frac{1}{2}} 2^{n-1} n! (2n+1) \qquad (A.4)$$

式（A.4）是正交的厄米多项式的变形，它的应用将贯穿本节全部内容。

从厄米高斯模式出发推导 M^2，需要首先假设任意的电场可以写成一系列厄米高斯模式和的形式。在这个推导过程中，需要使用显式时间平均积分：

$$E[x, z, t] = \sum_{n=0}^{N} c_n u_n[x, w_0[z]] e^{-j(k_n z - 2\pi v_n t)} \qquad (A.5)$$

其中关于模式的定义，由 Siegman（1986）书中的式（17-41）给出：

$$u_n[x, w_0] = \left(\frac{2}{\pi} \right)^{1/4} \sqrt{\frac{1}{2^n n! w_0[z]}} H_n \left[\frac{\sqrt{2}x}{w_0[z]} \right] e^{-j \frac{kx^2}{2\tilde{q}[z]}} \left(\frac{\tilde{q}_0}{\tilde{q}[z]} \right)^{1/2} \left(\frac{\tilde{q}_0 \tilde{q}[z]^*}{\tilde{q}_0^* \tilde{q}[z]} \right)^{n/2}$$

$$= \left(\frac{2}{\pi} \right)^{1/4} \sqrt{\frac{1}{2^n n! w_0[z]}} H_n \left[\frac{\sqrt{2}x}{w_0[z]} \right] e^{-j \frac{kx^2}{2} \left(\frac{1}{R[z]} - j \frac{\lambda}{\pi w^2[z]} \right)}$$

$$\left(\frac{w^2[0](\lambda z_R^2 + z(z\lambda + i\pi w^2[z]))}{\lambda(z^2 + z_R^2) w^2[z]} \right)^{1/2} \left(\frac{\lambda z_R^2 + z(z\lambda + i\pi w^2[z])}{\lambda z_R^2 + z(z\lambda - i\pi w^2[z])} \right)^{n/2}$$

$$(A.6)$$

w_0 中的下标 0 是为了强调任何的模态求和都是基于先验确定的基模光束半径的, 在本例中即二阶矩法。接下来, 二阶矩半径由下面的积分来定义:

$$W_x^2[z] = 2 \int\int_{-\infty}^{\infty} x^2 |E[x,z,t]|^2 \mathrm{d}x \mathrm{d}t \tag{A.7}$$

将式 (A.5) 代入得

$$W_x^2[z] = 2 \int_{-\infty}^{\infty}\int_{-\infty}^{\infty} x^2 \left| \sum_{n=0}^{N} c_n u_n[x,w_0[z]] \mathrm{e}^{-\mathrm{j}(k_n z - 2\pi v_n t)} \right|^2 \mathrm{d}x \mathrm{d}t \tag{A.8}$$

通过引入第二个角标 m 来实现平方和计算, 注意不要将其与正交方向上的模式混淆:

$$W_x^2[z] = 2 \sum_{n,m=0}^{N,N} c_n c_m \int_{-\infty}^{\infty}\int_{-\infty}^{\infty} \begin{matrix} x^2(|u_n[x,w_0[z]] \mathrm{e}^{-\mathrm{j}(k_n z - 2\pi v_n t)} \\ \times u_m[x,w_0[z]] \mathrm{e}^{-\mathrm{j}(k_m z - 2\pi v_m t)}|) \end{matrix} \mathrm{d}x \mathrm{d}t \tag{A.9}$$

合并后得:

$$W_x^2[z] = 2 \sum_{n,m=0}^{N,N} c_n c_m \int\int_{-\infty}^{\infty} \begin{matrix} x^2(u_n[x,w_0[z]] u_m[x,w_0[z]] \\ \times \mathrm{e}^{-\mathrm{j}((k_m - k_n)z - 2\pi(v_m - v_n)t)}) \end{matrix} \mathrm{d}x \mathrm{d}t \tag{A.10}$$

代入式 (A.6), 并做一个变量替换 $x \to \sqrt{2}x$, 可得

$$\begin{aligned}
W_x^2[z] = \sum_{n,m=0}^{N,N} &\left(c_n c_m \left(w^2[0]^2 \left(\frac{\pi^2 z^2}{\lambda^2(z^2 + z_R^2)^2} + \frac{1}{w^2[z]^2} \right) \right)^{1/2} \right. \\
&\times \left(\frac{\lambda z_R^2 + z(z\lambda + \mathrm{i}\pi w^2[z])}{\lambda z_R^2 + z(z\lambda - \mathrm{i}\pi w^2[z])} \right)^{n/2} \times \left(\frac{\lambda z_R^2 + z(z\lambda - \mathrm{i}\pi w^2[z])}{\lambda z_R^2 + z(z\lambda + \mathrm{i}\pi w^2[z])} \right)^{m/2} \\
&\times \int_{-\infty}^{\infty}\int_{-\infty}^{\infty} x^2 \left(\frac{1}{\pi} \right)^{1/2} \sqrt{\frac{1}{2^{(n+m)}(n+m)! w_0^2[z]}} H_n\left[\frac{x}{w_0[z]} \right] H_m\left[\frac{x}{w_0[z]} \right] \\
&\left. \mathrm{e}^{-\frac{x^2}{w^2[z]}} \mathrm{e}^{\mathrm{j}((k_m - k_n)z - 2\pi(v_m - v_n)t)} \mathrm{d}x \mathrm{d}t \right)
\end{aligned} \tag{A.11}$$

如果式中剩下的所有的量都是基于平均时间而不是瞬时值, 那么当 $n = m$ 时, 时间积分为 1, 否则时间积分为零。还有一点需要注意的是, 如果 $n = m$, 那么包含瑞利距离参数的复数因子变为 1。利用式 (A.4) 的厄米多项式的正交归一性, 并对其进行 $x \to x/w_0[z]$ 代换, 并对时间积分,

得到

$$W_x^2[z] = \sum_{n,m=0}^{N,N} c_n c_m \left(w^2[0]^2 \left(\frac{\pi^2 z^2}{\lambda^2(z^2 + z_R^2)^2} + \frac{1}{w^2[z]^2} \right) \times w_0^2(2n+1)\delta_{nm} \right)^{1/2}$$

$$= \sum_{n,m=0}^{N,N} c_n^2 \left(w^2[0]^2 \left(\frac{\pi^2 z^2}{\lambda^2(z^2 + z_R^2)^2} + \frac{1}{w^2[z]^2} \right) \times w_0^2(2n+1) \right)^{1/2} \quad \text{(A.12)}$$

式（A.12）是距离束腰为 z 的传输距离的函数。经过推导后，可以清楚地知道，Siegman 所采用的模式形式默认是基于恒定发散角（实验室）视角的（见 6.1 节），在此视角下，M^2 仅在焦点处等于实际光束半径与最低阶光束半径之比的平方。为得到最终的 M^2 值，令 $z = 0$，有

$$W_x^2[0] = w_0^2 \sum_{n=0}^{N} c_n^2(2n+1) \quad \text{(A.13)}$$

这样使得 M^2 因子与式（1.33）具有同样的形式。

A.1.2 拉盖尔高斯模式

读者可能会发现有必要将本推导与菲利普（Philips）和安德鲁斯（Andrews）（1983）书中的推导相比较。首先假设任意的一个场可以表示为一系列拉盖尔高斯模式之和的形式，其中，p 为径向模式角标，m 是方位角角标：

$$E[r, z, t] = \sum_{m,p=0}^{N} c_{mp} u_{mp}[r, w[z]] \mathrm{e}^{-\mathrm{j}(k_{mp}z - 2\pi v_{mp}t)} \quad \text{(A.14)}$$

采用式（1.27）的径向形式即可计算二阶矩半径。该推导不需要使用显式时间平均，假设所有的参量都已经过时间平均：

$$W_r^2[z] = 2 \iint_0^{2\pi,\infty} r^2 |E[r, \theta, z]|^2 r \mathrm{d}\theta \mathrm{d}r \quad \text{(A.15)}$$

$$W^2[z] = 2 \iint_0^{2\pi,\infty} r^3 \left| \left(\sum_{m,p=0}^{N} c_{mp} u_{mp}[r, \theta, w[z]] \mathrm{e}^{-\mathrm{j}(k_{mp}z)} \right)^2 \right| \mathrm{d}\theta \mathrm{d}r \quad \text{(A.16)}$$

在 Siegman（1986）一书中的第 17 章中，拉盖尔高斯模式的完整形式为

$$u_{pm}[r, \theta, z] = \frac{1}{w_0[z]} \sqrt{\frac{2p!}{(1+\delta_{0m})\pi(m+p)!}} \left(\frac{\tilde{q}_0 \tilde{q}[z]^*}{\tilde{q}_0 * \tilde{q}[z]} \right)^m \left(\frac{\sqrt{2}r}{w_0[z]} \right)^m$$

$$\times L_p^m \left[\frac{2r^2}{w_0^2[z]} \right] \times \mathrm{e}^{\frac{1}{2}\mathrm{j}kr^2 \left(\frac{z}{z^2 + z_R^2} - \frac{\mathrm{j}\lambda}{\pi w^2[z]} + m\theta \right)} \quad \text{(A.17)}$$

涉及光束半径的复数因子与式（A.6）具有相同的形式，并且在式（A.16）所需的积分下其值显示为 1，与前面章节中的厄米高斯模式相当。对其进行取模平方运算和方位角积分：

$$W^2[z] = 4\pi \sum_{m,p=0}^{N,N} c_{mp}^2 \left| \left(\frac{\tilde{q}_0 \tilde{q}[z]^*}{\tilde{q}_0 * \tilde{q}[z]} \right)^{2m} \right| \int_0^\infty r^3 \frac{1}{w_0^2[z]} \frac{2p!}{(1+\delta_{0m})\pi(m+p)!}$$

$$\times \frac{\sqrt{2}r}{w_0[z]}^{2m} \left(L_m^p \left[\frac{2r^2}{w_0^2[z]} \right] \right)^2 e^{2\frac{r^2}{w^2[z]}} dr \tag{A.18}$$

拉盖尔多项式的相关恒等式（Arfken，1985，式（13.52））如下：

$$\int_0^\infty e^{-x} x^{k+1} (|L_n^k[x]|)^2 dx = \frac{(n+k)!}{n!}(2n+k+1) \tag{A.19}$$

进行以下代换，可将式（A.18）的积分变换为更接近于式（A.19）的形式。参数的正负对拉盖尔多项式没有影响，并且平方运算消去了负号，得到

$$u = -\frac{2r^2}{w_0^2[z]}, \quad du = -\frac{4r dr}{w_0^2[z]}, \quad r^2 = -\frac{1}{2}w_0^2[z]u$$

$$W^2[z] = w_0^2[z] \left| \left(\frac{\tilde{q}_0 \tilde{q}[z]^*}{\tilde{q}_0^* \tilde{q}[z]} \right)^{2m} \right| \tag{A.20}$$

$$\sum_{m,p=0}^{N,N} c_{mp}^2 \int_0^\infty \frac{p!}{(1+\delta_{0m})(m+p)!} u^{m+1} (L_n^k[u])^2 e^{-u} du$$

应用式（A.19）得到

$$W^2[z] = \left(\frac{\lambda z_R^2 + z(z\lambda - i\pi w^2[z])}{\lambda z_R^2 + z(z\lambda + i\pi w^2[z])} \right)^{2m} w_0^2[z] \sum_{m,p=0} c_{mp}^2 \frac{(2p+m+1)}{(1+\delta_{0m})} \tag{A.21}$$

拉盖尔高斯模式的形式也默认是基于恒定发散角（实验室）视角，在此视角下，M^2 仅在焦点处等于实际光束半径与最低阶光束半径之比的平方。令 $z=0$，有

$$W^2[z] = w_0^2[z] \sum_{m,p=0} c_{mp}^2 \frac{2p+m+1}{1+\delta_{0m}} = M^2 w_0^2[0] \tag{A.22}$$

这样使得 M^2 因子与式（1.40）具有同样的形式。

A.2 ISO 标准解析

ISO 标准遵循欧洲符号惯例。为便于使用，表 A.1 将本书中使用的一些符号与 ISO 标准（ISO，2005）进行转换。

表 A.1　ISO 符号

参数	ISO 标准	本书
辐照度	E	I
光束宽度	d_σ（二阶矩直径）	$w = \dfrac{d_\sigma}{2}$（二阶矩半径）
束腰宽度	$d_{\sigma 0}$	$w_0 = \dfrac{d_{\sigma 0}}{2}$
发散角	Θ_σ（二阶矩直径全角）	$\Theta = \dfrac{\Theta_\sigma}{2}$（二阶矩半径半角）
衍射极限发散角	Θ_σ	$\Theta = \dfrac{\Theta_\sigma}{2}$
光束束腰位置		z_0
瑞利距离		Z_R
光束传输比		M^2
横向维度		x, y
传输轴		Z
光束功率		P

A.2.1 ISO 传播方程

ISO（2005）标准第 11 页规定，M^2 测试得到的二阶矩数据将拟合为抛物线方程，二阶矩直径的形式表示如下：

$$d_\sigma^2[z] = a + bz + cz^2 \tag{A.23}$$

ISO 标准进一步给出了如何获得如式（A.24）至式（A.28）所示的束腰位置、束腰直径、光束发散角、瑞利距离和 M^2 等重要常数：

束腰位置：

$$z_0 = -\frac{b}{2c} \tag{A.24}$$

束腰直径：

$$d_{\sigma 0} = \frac{\sqrt{4ac - b^2}}{2\sqrt{c}} \tag{A.25}$$

光束发散角：

$$\Theta_\sigma = \sqrt{c} \tag{A.26}$$

瑞利距离：

$$Z_R = \frac{\sqrt{4ac - b^2}}{2c} \tag{A.27}$$

光束传播参数（M^2）：

$$M^2 = \frac{\pi}{8\lambda} \sqrt{4ac - b^2} \tag{A.28}$$

本节将这一系列公式展开，通过使用 z_0、$d_{\sigma 0}$、Θ_0 及 M^2，给出式（A.23）的一种更加直观的形式，将 ISO 标准以式（6.10）所述的经验视角进行展示。

首先，常数 c 明确等于光束发散角平方，因此式（A.26）可写成式（A.29），式（A.23）可写成式（A.30）：

$$c = \Theta_\sigma^2 \tag{A.29}$$

$$d_\sigma[z] = a + bz + \Theta_\sigma^2 z^2 \tag{A.30}$$

因此通过式（A.24），可得到常数 b 为

$$b = -2\Theta_\sigma^2 z_0 \tag{A.31}$$

接下来，注意到方程判别式能够通过使用式（A.24）至式（A.28）表示为：

$$\sqrt{b^2 - 4ac} = 2\Theta_\sigma d_{\sigma 0} = 2Z_R \Theta_\sigma^2 = \frac{8\lambda}{\pi} M^2 \tag{A.32}$$

通过上述式（A.29）及式（A.31）求解得到的常数 c 及 b 的表达式，能够得到至少 3 种常数 a 的等效表达式，每一种对应判别式（A.32）中的一种形式：

$$a = d_{\sigma 0}^2 + z_0^2 \Theta_\sigma^2 = Z_R^2 \Theta_\sigma^2 + z_0^2 \Theta_\sigma^2 = \left(\frac{4\lambda}{\pi}\right)^2 \frac{M^2}{\Theta_\sigma^2} + z_0^2 \Theta_\sigma^2 \tag{A.33}$$

通过式（A.33）中最左侧的 a 的表达式，能够得到高斯传播方程的最清晰形式：

$$
\begin{aligned}
d_\sigma^2[z] &= a + bz + cz^2 \\
&= d_{\sigma0}^2 + z_0^2 \Theta_\sigma^2 - 2z_0 z + \Theta_\sigma^2 z^2 \\
&= d_{\sigma0}^2 + \Theta_\sigma^2 (z - z_0)^2
\end{aligned}
\tag{A.34}
$$

注意到光束发散角等于衍射极限发散角的 M^2 倍（式（6.7）），将式（1.11）及式（1.35）代入到式（A.34）中，能够得到式（A.35），其形式与式（6.10）相似，但有以下两点区别：①式（A.35）表示的原点在零点，而不是在光束束腰处；②式（A.35）所对应的为光束直径及发散角全角，而不是在本书其他部分使用的光束半径及发散角半角。

$$
\begin{aligned}
d_\sigma^2[z] &= d_{\sigma0}^2 + M^4 \Theta_0^2 (z - z_0)^2 \\
&= d_{\sigma0}^2 + M^4 \left(\frac{2\lambda}{\pi d_{\sigma0}} \right)^2 (z - z_0)^2
\end{aligned}
\tag{A.35}
$$

ISO 中的传播方程等效于式（6.10）中的经验观点视角。

A.3　光束束腰及焦平面

许多光束质量指标需要使用光束束腰或焦平面。对于满足 $(\pi^2 w_{\text{input}}^4)/(f^2 \lambda^2) \gg 1$（式（A.43））的情况，束腰与焦平面是重合的，如图 1.14 所示。但对于如式（A.42）及图 A.1 所示的更一般情况，束腰与焦平面并不重合。

本节使用 Siegman（1986）第 15 和 17 章中给出的 $ABCD$ 矩阵形式进行推导。首先，引用薄透镜的自由空间传播矩阵并转换：

$$
\mathbb{L} = \begin{pmatrix} 1 & 0 \\ -\dfrac{1}{f} & 1 \end{pmatrix}, \quad \mathbb{T} = \begin{pmatrix} 1 & d \\ 0 & 1 \end{pmatrix}
\tag{A.36}
$$

接下来，假设入射光束的束腰（其波前曲率为无穷大，即平坦波前）处于透镜位置，因此其参数 q 只存在虚数部分：

$$
\begin{aligned}
\frac{1}{q} &= \frac{1}{R} - \frac{\mathrm{j}}{Z_R} \\
R_1 &= \infty \\
q_1 &= \mathrm{j} Z_{R1}
\end{aligned}
\tag{A.37}
$$

将该参数 q 传播至透镜之后, 得到

$$q_1' = \frac{aq_1 + b}{cq_1 + d} \tag{A.38}$$

其中

$$\mathbb{L} = \begin{pmatrix} 1 & 0 \\ -\dfrac{1}{f} & 1 \end{pmatrix} = \begin{pmatrix} a & b \\ c & d \end{pmatrix} \tag{A.39}$$

$$q_1' = -\frac{\pi^2 w_1^4}{f\left(1 + \frac{\pi^2 w_1^4}{f^2 \lambda^2}\right)\lambda^2} + \mathrm{j}\frac{\pi w_1^2}{\left(1 + \frac{\pi^2 w_1^4}{f^2 \lambda^2}\right)\lambda} \tag{A.40}$$

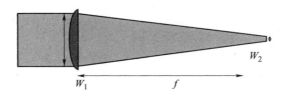

图 A.1   束腰及焦距

然后, 将式 (A.38) 代入到 $q_1' = q_r + \mathrm{j}q_i$, 并且经过如式 (A.36) 所示自由空间传播矩阵 $\mathbb{T}$, 得到

$$q_2 = \frac{aq_1' + b}{cq_1' + d} \tag{A.41}$$

其中

$$\mathbb{T} = \begin{pmatrix} 1 & d \\ 0 & 1 \end{pmatrix} = \begin{pmatrix} a & b \\ c & d \end{pmatrix} \tag{A.42}$$

$$q_2 = d + q_r + \mathrm{j}q_i \tag{A.43}$$

因此, 透镜到束腰的距离 d 为

$$d = \frac{\pi^2 w_1^4}{f\left(1 + \frac{\pi^2 w_1^4}{f^2 \lambda^2}\right)\lambda^2} = \frac{\dfrac{\pi^2 w_1^4}{f\lambda^2}}{\left(1 + \frac{\pi^2 w_1^4}{f^2 \lambda^2}\right)} \sim f - \frac{\lambda^2 f^3}{\pi^2 w_1^4} + O[f]^5 \tag{A.44}$$

只要满足 $(\pi^2 w_{\text{input}}^4)/(f^2 \lambda^2) \gg 1$, d 与 f 就是相等的。对于实验室的典型激光, $w = 1\,\mathrm{mm}$, $\lambda = 1\,\mathrm{\mu m}$, 透镜焦距为数十厘米, 满足上述情况。对于中红外激光或长焦距透镜, 以上条件近似成立。

参考文献

Arfken, G., *Mathematical Methods for Physicists*, 3rd ed., Academic Press, Orlando, Florida (1985).

Basu, S. and L. M. Gutheinz, "Fractional power in the bucket, beam quality and M^2," *Proc. SPIE* **7579**, 75790U (2010) [doi: 10.1117/12.846382].

Born, M. and E. Wolf, *Principles of Optics*, 6th ed., Pergamon Press, Oxford (1980).

Carter, W. H., "Spot size and divergence for Hermite Gaussian beams of any order," *Appl. Opt.* **19**(7), 1027–1029 (1980).

Fox, A. G. and T. Li, "Resonant modes in a maser interferometer," *Bell Syst. Tech. J.* **40**, 453 (1961).

Gaskill, J. D., *Linear Systems, Fourier Transforms and Optics*, JohnWiley & Sons, New York (1978).

Gerchberg, R. and W. Saxton, "A practical algorithm for the determination of the phase from image and diffraction plane pictures," *Optik* **35**(2), 237–246 (1972).

Goodman, J. W., *Introduction to Fourier Optics*, McGraw-Hill, New York (1968).

International Standards Organization (ISO), "Lasers and Laser-Related Equipment–Test methods for laser beam parameters: beam widths, divergence angle and beam propagation factor," ISO 11146:1999, International Standards Organization, Geneva (1999).

International Standards Organization (ISO), "Lasers and Laser-Related Equipment: Test methods for laser beam widths, divergence angles and beam propagation ratios," ISO 11146-3:2004, International Standards Organization, Geneva (2004).

International Standards Organization (ISO), "Lasers and Laser-Related Equipment: Test methods for laser beam widths, divergence angles and beam propagation ratios," ISO 11146-1:2005, International Standards Organization, Geneva (2005).

Janssen, A. J. E. M., S. van Haver, P. Dirksen, and J. J. M. Braat, "Zernike representation and Strehl ratio of optical systems with variable numerical aperture," *J. Mod. Opt.* **55**(7), 1127–1157 (2008).

Johnston, T. F. and M. W. Sasnett, "Characterization of Laser Beams: The M^2 Model," in *Handbook of Optical and Laser Scanning*, G. F. Marshall and G. E. Stutz, Eds., Marcel Dekker Inc., New York (2004).

Kant, I., *Critique of Pure Reason*, J. M. D. Meikljohn, Translator, in *Great Books of the Western World, Encyclopedia Brittanica* **52** (1952).

Kolmogorov, A., "A refinement of previous hypotheses concerning the local structure of turbulence in a viscous incompressible fluid at high Reynolds number," *J. Fluid Mech.* **13**, 82–85 (1962).

Maréchal, A., "Étude des effets combinés de la diffraction et des aberrations geometriques sur l'image d'un point lumineux," *Revue d'Optique Théorique et Instrumentale* **26**(9), 257–277 (1947).

Motes, R. A. and R.W. Berdine, *Introduction to High-Power Fiber Lasers*, Directed Energy Professional Society, Albuquerque, New Mexico (2009).

Phillips, R. L. and L. C. Andrews, "Spot size and divergence for Laguerre Gaussian beams of any order," *Appl. Opt.* **22**(5), 643–644 (1983).

Ross, T. S., "An analysis of a non-Gaussian, Gaussian laser beam," *Proc. SPIE* **6101**, 610111 (2006) [doi: 10.1117/12.640436].

Ross, T. S., "The effect of aperturing on laser beam quality," *Solid State and Diode Laser Technology Review*, Technical Summary (Section on Beam Combination and Control), Directed Energy Professional Society, Albuquerque, New Mexico (2007).

Ross, T. S., "Limitations and applicability of the Maréchal approximation," *Appl. Opt.* **48**(10), 1812–1818 (2009).

Ross, T. S. and W. P. Latham, "Appropriate measures and consistent standard for high-energy laser beam quality," *J. Dir. Energy* **2**, 22–58 (2006).

Saleh, B. and M. Teich, *Fundamentals of Photonics*, John Wiley & Sons, New York (1991).

Siegman, A. E., *Lasers*, University Science Books, Mill Valley, California (1986).

Siegman, A. E., "How to (Maybe) Measure Laser Beam Quality," from October 1997 OSA Conference on Diode Pumped Solid State Lasers: Applications and Issues (DLAI), Optical Society of America, Washington, D.C. (1998).

作者简介

T. Sean Ross（肖恩·罗斯）曾获得杨百翰大学物理学本科和硕士学位，北佛罗里达大学光学专业博士学位。他曾在美国空军和海军服役。1998 年起，他在位于美国新墨西哥州阿尔布开克的美国空军研究实验室定向能总部工作，主要研究领域是非线性光学、激光器研发和激光系统集成。他是 2000—2011 年度"固态二极管激光技术会议（Solid State Diode and Laser Technology Review）"的主席，并为定向能专业学会和 SPIE 讲授过关于激光光束质量的简短课程。